新文科·新传媒·新形态 精品系

After Effects
影视后期制作标准教程

微课版

肖琴◎主编

王嵬◎副主编

人民邮电出版社

北　京

图书在版编目（CIP）数据

After Effects影视后期制作标准教程：微课版 / 肖琴主编. -- 北京：人民邮电出版社，2025. -- （新文科·新传媒·新形态精品系列教材）. -- ISBN 978-7-115-66895-0

Ⅰ. TP391.413

中国国家版本馆CIP数据核字第20259E35U9号

内 容 提 要

本书基于影视创作行业的实际需求与工作场景，采用通俗易懂的语言，系统、深入地讲解 After Effects 软件的基础知识、核心功能和集成的 AI 工具，并详细阐述该软件在影视后期制作中的实际应用。全书共 12 章，包括影视后期制作基础，素材导入与管理，合成与图层，形状、蒙版、轨道遮罩与文本，动画制作，摄像机与灯光系统，跟踪运动与跟踪摄像机，色彩处理，抠像技术，内置效果和插件效果，合成效果预览及渲染输出，综合实战等内容。

本书配有 PPT 课件、教学大纲、电子教案、素材文件、效果文件、思考与练习答案、题库与试卷管理系统等教学资源，用书教师可在人邮教育社区免费下载使用。

本书可作为高等院校数字媒体艺术、数字媒体技术、视觉传达设计、环境艺术设计等专业课程的教材，也可作为 After Effects 自学人员的参考用书。

- ◆ 主　　编　肖　琴
  副 主 编　王　嵬
  责任编辑　王　迎
  责任印制　陈　犇
- ◆ 人民邮电出版社出版发行　　北京市丰台区成寿寺路 11 号
  邮编　100164　电子邮件　315@ptpress.com.cn
  网址　https://www.ptpress.com.cn
  天津市银博印刷集团有限公司印刷
- ◆ 开本：787×1092　1/16
  印张：12.5　　　　　　　　2025 年 6 月第 1 版
  字数：367 千字　　　　　　2025 年 11 月天津第 2 次印刷

定价：69.80 元

读者服务热线：(010)81055256　印装质量热线：(010)81055316
反盗版热线：(010)81055315

前　言

党的二十大报告提出：加强全媒体传播体系建设，塑造主流舆论新格局。数字影视后期特效制作作为影视后期产业链的重要环节，其市场需求与日俱增。从电影到电视剧，各类影视作品的制作都离不开后期特效处理。然而，随着数字影视制作技术及人工智能（Artificial Intelligence，AI）技术的不断进步，要想在这个行业脱颖而出，不仅需要掌握扎实的专业技能，还需要不断适应行业的新发展。这对院校和相关培训机构数字影视后期特效制作领域的教育工作提出了更高的要求。

为满足"数智化"时代企业对新型数字影视后期特效制作人才的需求，培养艺术类在校学生的数字影视后期特效制作能力，编者依托相关企业的应用案例和数据资源，在对众多院校该类课程的教学目标、教学方法、教学内容等多方面调研的基础上，有针对性地设计并编写了本书。本书特色如下。

1．熟悉流程，面向就业

本书以 After Effects 2023 为基础，以数字影视特效制作行业的岗位需求为导向，以行业的应用案例为落脚点，围绕影视后期制作基础、影视后期制作流程、综合实战这 3 个主题由浅入深地介绍 After Effects 在影视后期制作流程中的实际应用。

2．体系完善，轻松易学

本书采用"知识点＋课堂案例＋思考与练习＋项目实训"的模式编写，具有体系完善、轻松易学的特点。"知识点"涵盖 After Effects 2023 的核心工具与命令的相关知识；"课堂案例"用于帮助读者动手操作，在模仿中学习；"思考与练习"用于帮助读者巩固所学知识；"项目实训"用于帮助读者加深印象，提高实际应用能力。

3．案例丰富，效果精美

本书案例经过精心筛选，丰富而多样，具有很强的实用性和参考性，读者能够在实际操作中直观理解所学知识点，真正做到将理论与实践相结合。对于案例效果，本书在保证其商业性的基础上追求艺术性，注重提升读者的审美能力。

4．图解教学，解疑指导

本书采用图解教学的形式，以图析文，让读者能够更直观、清晰地掌握 After Effects 的应用技巧。此外，本书还设置了"课堂讨论""提示与技巧"等模块，旨在帮助读者解决在学习过程中遇到的难点和疑问，扩展相应的知识。

5．同步微课，资源丰富

本书提供微课视频，读者扫描书中二维码即可观看。此外，本书还配备丰富的教学资源，包括 PPT 课件、教学大纲、电子教案、素材文件、效果文件、思考与练习答案、题库与试卷管理系统等，用书教师可在人邮教育社区（www.ryjiaoyu.com）免费下载使用。

由于编者水平有限，书中难免存在不足之处，敬请广大读者批评指正。

编　者

目 录

第12章
综合实战

第 1 章

影视后期制作基础

本章导读

本章主要讲解正式学习After Effects软件之前的必备基础理论知识，包括影视后期特效概述以及After Effects入门。

学习目标

- 了解影视后期特效的作用
- 掌握影视后期制作基础知识
- 了解After Effects的用途
- 熟悉After Effects的工作界面
- 掌握After Effects的工作流程

1.1　影视后期特效概述

影视后期特效是指在影视作品后期制作阶段，运用计算机图形技术（CGI）、合成、动画等数字技术手段，对画面、声音等元素进行加工，旨在弥补拍摄中的不足或实现直接拍摄难以得到的视觉效果，提升影片整体质量和观赏性。

1.1.1　影视后期特效的应用领域

影视后期特效的制作核心在于创造视觉元素、对画面进行精细处理以打造出独特的效果，并巧妙地将各个镜头连接起来。影视后期特效最常见的应用领域包括电视栏目包装、三维动画以及影视广告。

1.　电视栏目包装

随着频道专业化和内容个性化趋势的不断增强，电视栏目制作已经显著超出传统拍摄与剪辑的范畴，深度融合了计算机技术。这不仅在片头包装、动态字幕、精彩片花以及定制Logo等视觉元素上展现了高度的互动性和趣味性，更在导视系统中融入了创新的影视后期制作手法。这些创新全方位地提升了观众的观看体验，重新塑造了电视栏目的制作重心，并增添了栏目的独特魅力。电视栏目包装效果如图1-1所示。

图1-1

2.　三维动画

将影视后期特效引入动画领域，标志着动画产业的飞跃发展。三维动画凭借其卓越的视觉效果和高效的制作流程，突破了传统手绘逐帧动画的局限。它不仅为观众带来了前所未有的沉浸式艺术体验，更将动画艺术带到了一个全新的高度，实现了技术与艺术的完美融合，从而开启了动画创作的新纪元。三维动画效果如图1-2所示。

图1-2

3．影视广告

影视后期特效应用于影视广告，使广告创作者能够打破传统拍摄的视觉限制，充分发挥创意。借助软件提供的强大功能，创作者能够将天马行空的想象转化为令人震撼的视觉效果，实现了从概念构思到最终实现的无缝衔接，为观众带来了超乎想象的视觉盛宴，也极大地增强了影视广告的表现力和感染力。影视广告效果如图1-3所示。

图1-3

1.1.2 影视技术标准规范

不同媒体平台因其播放硬件的差异，有不同的影片技术标准规范。因此，在制作影视后期特效之前，需要确认并设定好影片的尺寸、时长等参数，以确保最终输出的影片符合所投放媒体平台的技术标准规范，进而实现流畅的播放以及最佳的视觉效果呈现。

1．视频分辨率

视频分辨率通常以像素（px）为单位，并采用"宽度×高度"的形式来表示。目前常见的视频分辨率包括以下几种。

（1）1280像素×720像素：也被称作720P，非常适合网络视频的播放。它提供了足够的清晰度，文件大小相对适中，便于在线观看和传输。

（2）1920像素×1080像素：全高清（Full HD）的标准分辨率，广泛应用于电视、计算机显示器以及投影仪等设备。它能够呈现清晰细腻的画面，满足大多数用户的观看需求。

（3）3840像素×2160像素：超高清（Ultra HD）或4K的分辨率，主要用于4K电视和一些高端显示设备。4K分辨率提供了极高的像素密度和画面清晰度，为用户带来更为震撼的视觉体验。

（4）4096像素×2160像素：通常被称为DCI 4K或Cinema 4K，主要应用于电影放映和数字影院。与消费级的4K（3840像素×2160像素）相比，它提供了更大的像素数量和更广的色域范围，以确保电影在数字影院中有最佳表现。

在影片的制作与放映过程中，保持影片与放映屏幕的宽高比一致至关重要，因为这能够确保影片在放映时不会因为拉伸或压缩而出现画面变形的现象。宽高比也常被称作纵横比或画面比例，是用来描述视频画面宽度与高度之间关系的参数。宽高比有两种常见的表示方法。

（1）宽度：高度：直接以宽度和高度之比（化为最简形式）来表示宽高比，如"16：9"和"4：3"，这是日常生活中最为常见的表示方法，形式直观。

（2）宽度÷高度（保留小数点后两位）：通过计算宽度和高度之间的比值来呈现宽高比，如"1.78"（对应16：9）和"1.33"（对应4：3），这种表示方法在数学运算和编程应用中更为精确和便捷。

当前主流的电视宽高比是 16 ： 9，在平板电视和液晶显示器中非常普遍。而影院的宽高比则因电影制作和放映需求的不同而有所差异，通常在 1.85 ： 1 至 2.35 ： 1 之间，较大的宽高比有助于在影院大屏幕上营造出更加宽广且沉浸式的画面效果。

2．时长

影片的时长通常取决于需求方的要求和相关机构的限制。例如，单个电视广告的时长通常被限定为 5 秒、10 秒、15 秒、30 秒或 1 分钟；而一部院线电影的时长则通常在 90 分钟到 180 分钟之间，有些电影的时长甚至会超过 180 分钟。

1.1.3 常用术语与基本参数

在正式学习 After Effects 的操作之前，需对相关的影视理论进行简单了解，包括常用术语与基本参数，如电视制式、帧速率、像素长宽比及视频编码格式。

1．电视制式

电视制式是指一个国家或地区在播放电视节目时所采用的特定规范和技术标准，它主要涉及电视信号的发送、接收、处理和显示方式，还包括图像和声音的编码、压缩、传输标准等。目前，主流电视制式有 3 种：PAL、NTSC 和 SECAM。

这些电视制式在不同的国家和地区被广泛使用，以满足不同的技术要求和市场需求。其中，我国大部分地区、新加坡、英国、澳大利亚、新西兰等国家和地区使用 PAL 制式，其特点是采用逐行倒相正交平衡调幅技术，每帧 625 行，25 帧/秒（25fps）；美国、日本、韩国及东南亚等使用 NTSC 制式，其特点是采用正交平衡调幅技术，每帧 525 行，29.97 帧/秒（29.97fps）；俄罗斯、法国、东欧及部分非洲国家等使用 SECAM 制式，其特点是采用顺序传送彩色信号与存储恢复彩色信号的技术，每帧 625 行，25 帧/秒（25fps）。

电视制式的区别主要在于帧频、分辨率、信号带宽及载频，这些参数直接影响电视信号的传输效率和接收质量，以及图像和声音的呈现效果。不同的电视制式拥有各自特定的技术规格和标准，包括信号的编码、调制、传输方式等，因此可能存在不兼容问题。若在某一电视制式的系统中直接播放另一电视制式的电视信号，且未进行必要的转换或解码处理，接收端可能无法正确解析信号，从而导致画面颜色失真、闪烁、扭曲或无法显示彩色图像等问题。

2．帧速率

帧是构成视频的基本单元，每一帧都是一幅静态图像。帧速率是指每秒钟显示的帧数，通常用"fps"（帧/秒）表示。帧速率的高低直接影响视频的流畅度。一般来说，帧速率越高，动作越流畅。但帧速率越高意味着同一时长下视频要存储更多的画面，视频的大小也会增加。随着技术的不断进步，越来越多的电影在挑战更高的帧速率，旨在给观众带来更丰富的视觉体验。在 After Effects 中创建合成时，可以使用预设来设置合成的帧速率，或者自定义合成的帧速率。

3．像素长宽比

像素长宽比是指在将作品放大到极限时，所观察到的每一个像素的宽度与高度的比例关系。在计算机显示领域，图像的像素通常是方形的，而在电视显示领域，情况则可能有所不同。尽管早期的电视信号普遍采用了方形像素，但随着技术的不断进步和电视标准的逐步演变，电视显示开始广泛采用矩形像素，特别是在高清电视和宽屏幕电视中，矩形像素的使用变得尤为普遍。因此，在选择像素长宽比类型时，需要根据作品将在何种设备上播放来决定。

4. 视频编码格式

视频编码格式来源于有关国际组织、民间组织和企业制定的视频编码标准，如MPEG系列（MPEG-1、MPEG-2、MPEG-4等）、H.264（也称为AVC）、H.265（也称为HEVC）等。通过视频编码，可以在保证视频清晰度的前提下显著减少视频文件占用的存储空间。

1.1.4 常用影视后期特效制作软件

影视后期特效制作软件包括多种，它们各自具备不同的特点和优势，能满足不同的制作需求。下面介绍两种常用的影视后期特效制作软件。

1. Adobe After Effects

After Effects由世界著名的数字媒体软件设计公司——Adobe推出，可以与同为Adobe公司出品的Premiere Pro、Photoshop、Illustrator、Audition等软件配合使用。

After Effects是一款集二维与三维后期特效合成于一体的软件，广泛应用于影像合成、动画创作、视觉效果制作、非线性编辑、动画样稿设计、多媒体及网页动画制作等领域，特别适用于电视栏目包装、影视片头片尾、宣传片、广告、MG动画及UI动效等的制作。此软件是视频设计与特效制作行业（包括电视台、影视广告公司、动画制作公司以及多媒体工作室等）后期制作的常用工具。

本书将从影视创作的行业需求和实战应用角度出发，循序渐进地讲解After Effects在影视后期制作方面的基本知识与核心功能。

2. Autodesk Maya

Autodesk Maya是一款功能强大的三维动画和特效制作软件，被广泛应用于电影、电视、游戏和动画等领域。Autodesk Maya提供了丰富的建模、动画、渲染和特效工具，可以创建高质量的三维动画和特效。Autodesk Maya还支持与其他Autodesk软件的集成，如3ds Max和Mudbox。

1.2 After Effects入门

本节将介绍After Effects的工作界面，以及After Effects的工作流程。

1.2.1 After Effects的工作界面

After Effects的工作界面主要有菜单栏、工具栏、"项目"面板、"合成"面板、"时间轴"面板和"预览"面板等区域，如图1-4所示。

菜单栏　工具栏　　　　　　　　　　　"合成"面板　"预览"面板

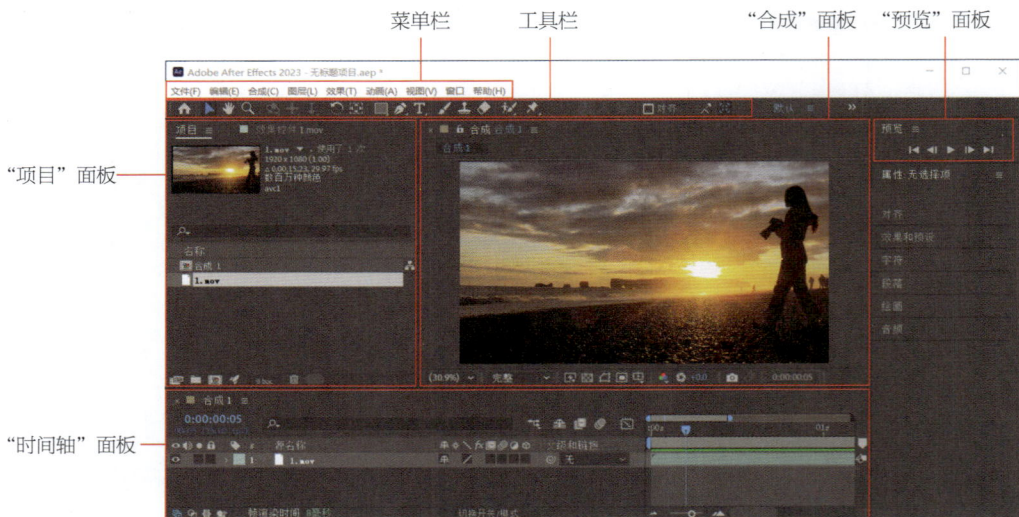

"项目"面板

"时间轴"面板

图1-4

1.2.2 菜单栏

After Effects菜单栏提供了9项菜单，分别为"文件"菜单、"编辑"菜单、"合成"菜单、"图层"菜单、"效果"菜单、"动画"菜单、"视图"菜单、"窗口"菜单和"帮助"菜单，基本整合了After Effects的所有命令，如图1-5所示。

文件(F)　编辑(E)　合成(C)　图层(L)　效果(T)　动画(A)　视图(V)　窗口　帮助(H)

图1-5

"文件"菜单：主要用于进行新建、打开项目、导入、导出、关闭、保存、整理工程文件等操作。

"编辑"菜单：主要用于进行撤销、重做、剪切、复制、粘贴、拆分图层等操作。

"合成"菜单：主要用于进行新建合成及设置合成相关参数等操作。

"图层"菜单：主要用于进行新建图层以及设置混合模式、图层样式、与图层相关的属性等操作。

"效果"菜单：主要用于进行为图层添加各种滤镜、效果等操作。

"动画"菜单：主要用于进行设置关键帧、添加表达式以及设置跟踪运动、跟踪摄像机等与动画相关的参数等操作。

"视图"菜单：主要用于进行"合成"面板视图显示区域的显示和查看等操作。

"窗口"菜单：主要用于显示和隐藏各种面板。

"帮助"菜单：主要用于获取After Effects的相关帮助信息。

1.2.3 工具栏

工具栏如图1-6所示。该面板包含用于编辑图形、图像的多种工具。

图1-6

把鼠标指针移到一个工具按钮上并停留片刻，就会显示该工具的名称和快捷键信息。单击工具栏中的某工具按钮即可选择相应工具。工具栏部分工具的右下角带有小三角标记，它表示这是一个工具组，其中隐藏了多个工具，在这样的工具按钮上按住鼠标左键不放即可查看隐藏的工具，单击某工具即可选择该工具。

1.2.4　"项目"面板

"项目"面板主要用于显示和存放项目中的素材和合成。"项目"面板上方为选中素材的信息显示区域，下方为素材存放区域，如图1-7所示。单击"项目"面板中的 ▤ 按钮可以打开"项目"面板的菜单，对"项目"面板进行相关操作（如关闭面板、浮动面板）。

在素材存放区域单击鼠标右键，可以在打开的快捷菜单中进行新建合成、新建文件夹、导入素材等操作，如图1-8所示。

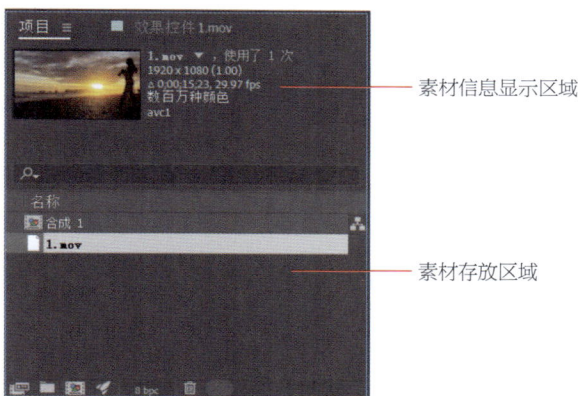

图1-7

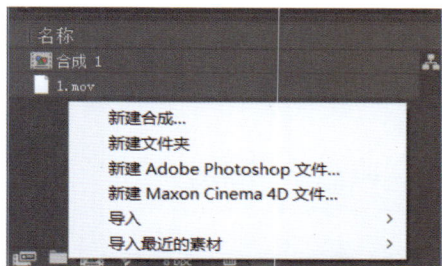

图1-8

1.2.5　"合成"面板

"合成"面板用于显示素材组合特效处理后的预览画面。该面板不仅有预览功能，还有控制、操作、管理素材，显示文件的放大率，显示当前时间、分辨率，设置网格、参考线和标尺等功能，如图1-9所示。

图1-9

1.2.6 "时间轴"面板

"时间轴"面板用于设置合成中各个素材的位置、时间、效果和属性等，支持新建不同类型的图层、调整图层顺序和制作关键帧等，如图1-10所示。

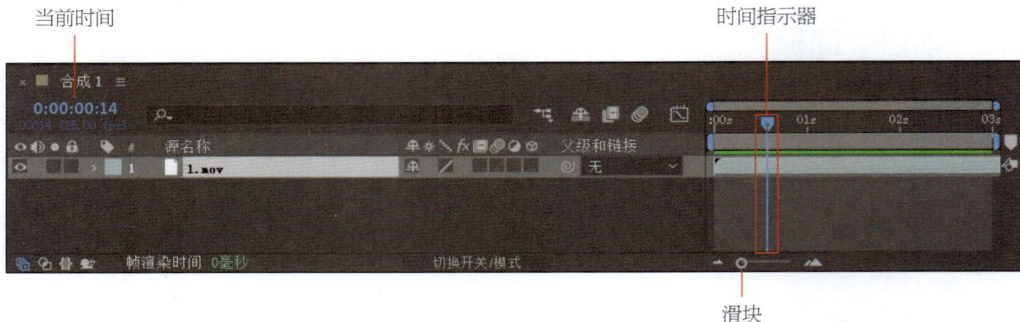

图1-10

当前时间：时间指示器停留处的时间，单击可进行编辑。

时间指示器：可在时间轴上移动的标记，用于指示当前编辑的时间点。用户可以通过拖动时间指示器来快速定位到视频的特定帧。此外，在预览过程中，时间指示器还会实时显示当前播放的位置，从而协助用户实现对编辑过程的精确控制。

滑块：拖动该滑块可以调整时间轴中素材的显示比例。

1.2.7 "预览"面板

"预览"面板允许用户实时查看编辑后的视频效果。用户可以通过单击"播放/停止"按钮▶来控制播放和暂停，如图1-11所示，也可以通过按空格键来控制播放和暂停。

图1-11

💡 **提示与技巧**

在面板的边缘或边角进行拖曳操作，可以调整面板的大小。而在面板的标签处拖曳，则可以移动面板。此外，用户还可以在界面的各个区域内自由停放和组合面板。

1.2.8 After Effects的工作流程

使用After Effects进行影视后期制作需要遵循一定的工作流程，具体如下。

1. 素材导入与管理

将视频、音频、图片等素材导入"项目"面板。素材较多时，可以在"项目"面板中创建文件夹分类管理素材。

2. 创建合成，在合成中添加素材或新建图层

创建用于制作视频的合成，将"项目"面板中的视频、音频、图片等素材添加到"时间轴"面板中，以多层叠加的方式进行合成制作。除了使用素材图层，还可以在"时间轴"面板中建立参与合成制作的多种功能图层，如文本图层、纯色图层、灯光图层、摄像机图层、空对象图层、形状图层、调整图层等。

3. 编辑素材

在创作过程中，不仅可以通过文字工具添加动态字幕或静态说明，利用形状工具绘制自定义图形与图标，还可以运用蒙版功能精细控制图层的显示区域，实现创意性的画面遮罩效果。此外，还可以利用以下功能进行素材编辑。

（1）关键帧动画。调整图层的各项属性，如位置、大小、旋转、不透明度等，并设置关键帧为这些属性赋予时间上的变化，从而制作出平滑流畅的动画效果。无论是简单的缓入缓出，还是复杂的路径动画，都能轻松实现。

（2）摄像机与灯光系统。灯光与摄像机的结合能够模拟出逼真的光影环境，从日常现实到超现实幻想，为作品赋予深邃的空间感与独特的氛围。

（3）跟踪功能。针对视频中的动态内容（如移动的人物、车辆等），可以利用强大的跟踪功能自动或手动为这些元素添加跟踪标记，确保后续添加的文本、图形或其他效果能够紧密跟随其运动轨迹，实现精准同步。

（4）颜色校正。通过颜色校正，用户能够轻松调整画面的色调、饱和度、对比度等，制作出特定的视觉风格。

（5）抠像技术。对于复杂的合成需求，应用抠像技术（绿幕抠像等）能够精准地将对象从背景中分离，为创意合成提供无限可能。

（6）内置效果与插件。充分利用软件内置的丰富效果与插件，如粒子效果、光晕、转场动画等，能够提升作品的质感与观赏性，让创意无限延伸。值得一提的是，部分插件还集成了先进的AI辅助工具，它们能智能优化工作流程，显著提升工作效率，让我们在创意探索的道路上更加得心应手。

4. 合成效果预览及渲染输出

在制作过程中，需要随时查看和调试动态效果。由于制作中需要计算机进行或多或少的运算反馈，合成效果的刷新显示有一定的延迟，可以通过指定预览的分辨率和帧速率，以及限制预览的合成区域和持续时间来更改预览的速度和品质。

制作时需要及时保存项目，不仅需要保存项目文件，还包括保留所使用到的素材文件。在制作的最后阶段，将合成添加到"渲染队列"面板中，进行品质与格式等输出设置，然后渲染输出为最终的视频文件。

> 💡 **提示与技巧**
>
> 无论是使用After Effects制作简单的字幕动画、创建复杂的运动图形，还是合成逼真的视觉效果，通常都需遵循相同的基本工作流程，但是这也不是固定不变的。有时可以根据实际情况重复一些步骤，如可以重复修改图层属性、制作动画和反复预览，直到一切都符合要求为止。有时可以跳过一些步骤，如当不使用素材，而是完全在After Effects中创建图形元素或动画时，则可以跳过导入素材的步骤。另外，可以根据自己的习惯适当调整流程顺序，如可以先新建合成再导入素材，或者是先抠图再调色。

课堂讨论

After Effects的工作流程具有一定的灵活性，你认为After Effects中的哪些流程顺序可以调换？哪些不能？说出来跟大家分享一下。

1.3　思考与练习

一、单选题

1.（　　）用于设置合成中各个素材的位置、时间、效果和属性等。
　　A."项目"面板　　　　　　　　　　B."时间轴"面板
　　C."合成"面板　　　　　　　　　　D. 工具栏
2.（　　）是视频中的单幅影像画面。
　　A. 帧　　　　　B. 分辨率　　　　　C. 像素　　　　　D. 帧速率
3. 以下不属于"文件"菜单中的命令的是（　　）。
　　A. 新建　　　　B. 打开项目　　　　C. 保存　　　　D. 撤销

二、判断题

1. 时间指示器是可在时间轴上移动的标记，用于指示当前编辑的时间点。（　　）
2. 提高帧速率可以得到更流畅的画面，但帧速率越高意味着同一时长下视频要存储更多的画面，视频的大小也会增加。（　　）
3."合成"面板只能用于显示素材组合特效处理后的预览画面。（　　）

三、操作题

1. 浏览After Effects工作界面，熟悉各个面板的作用。
2. 在After Effects工作界面中练习调节面板的大小、摆放与组合面板、显示与隐藏面板。

1.4　项目实训：选择不同的工作区

【实训目标】

After Effects工作界面中的面板较多，在进行不同的制作工作时，有些面板需要显示，有些可以隐藏以节省空间。为此，After Effects预设了几种常用的界面布局，称为"工作区"。本实训将展示如何根据制作需要选择合适的工作区。

【实训步骤】

选择"窗口">"工作区"命令，选择合适的工作区，如图1-12所示。在调整视频颜色时，可以选择"颜色"工作区；在制作视频特效时，可选择"效果"工作区。用户可以根据工作需要选择合适的工作区。

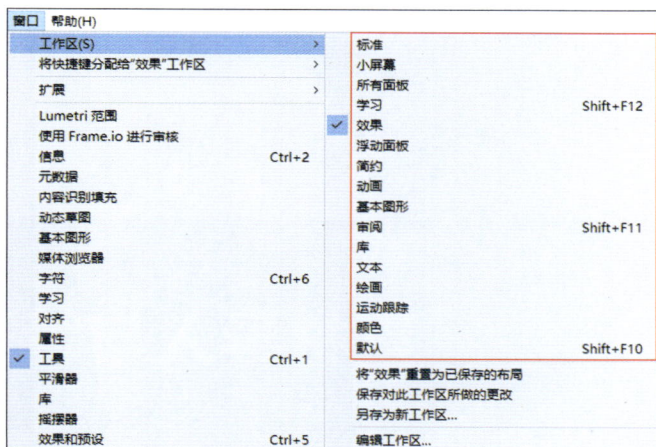

图1-12

> **提示与技巧**
>
> 　　如果不小心弄乱了工作区，可以在"窗口">"工作区"子菜单中选择相应命令重置布局。例如，弄乱了当前的"效果"工作区，可以选择"将'效果'重置为已保存的布局"命令，这样就能将"效果"工作区恢复到默认布局。

第 **2** 章

素材导入与管理

本章导读

本章将介绍在After Effects中进行素材导入与管理的操作。素材的导入与管理至关重要，这两项操作不仅是项目构建的起点，也是确保工作流程顺畅、高效的核心环节。

学习目标

- 掌握"导入"命令和"多个文件"命令的使用方法
- 掌握分层素材与图像序列素材的导入技巧
- 掌握在"项目"面板中高效组织素材的方法
- 掌握替换素材与解释素材的方法

2.1　导入素材

　　After Effects作为主流的视频合成制作软件，对各类视频、图片、音乐等文件都有很好的兼容性。在合成制作前，需要将素材导入"项目"面板中。对于类型各异的素材，在导入时会有相应的设置。掌握导入素材的方法与技巧，可以确保所需素材准确无误地进入项目，为后续编辑工作奠定坚实基础。

2.1.1　"导入"命令

　　After Effects支持导入视频、音频、图片以及图像文件。在菜单栏中选择"文件">"导入">"文件"命令（或按"Ctrl+I"组合键），在弹出的"导入文件"对话框中选中素材，接着单击"导入"按钮，如图2-1所示，可以将素材导入"项目"面板，如图2-2所示。另外，在"导入文件"对话框中选择文件夹，再单击"导入文件夹"按钮，如图2-3所示，可以将文件夹导入"项目"面板，如图2-4所示。

图2-1

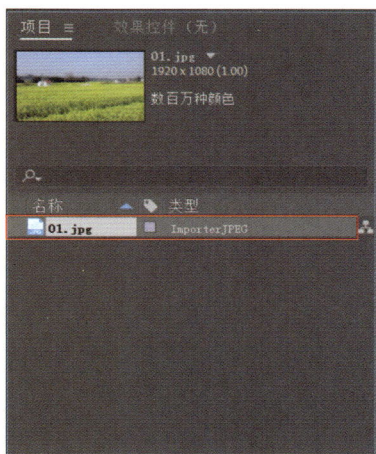

图2-2

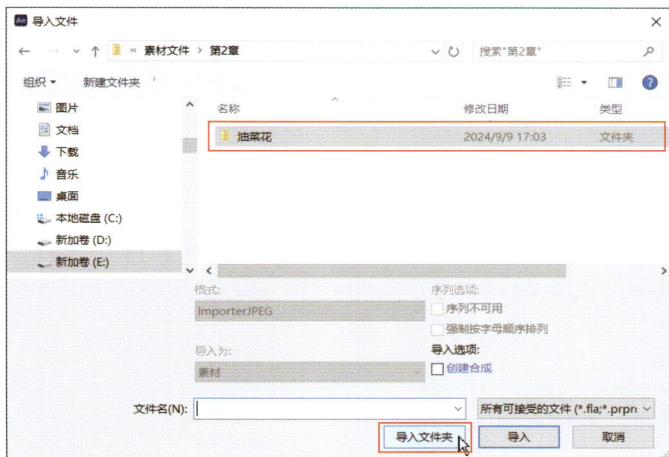

图2-3

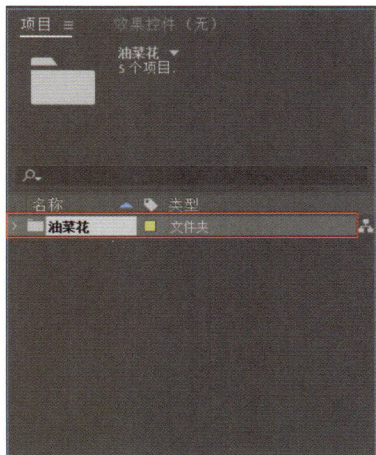

图2-4

在 After Effects 中，导入文件的方式有多种。除了通过"文件"菜单进行导入外，还可以直接在"项目"面板的空白处双击打开"导入文件"对话框进行导入。此外，在"项目"面板的空白处单击鼠标右键，在弹出的快捷菜单中选择"导入">"文件"命令，也可实现文件的快速导入。

2.1.2 "多个文件"命令

在 After Effects 中，"多个文件"命令主要用于批量处理素材，提高工作效率。使用该命令，用户可以一次性将多个素材或文件夹添加到"项目"面板中，便于后续的统一管理和编辑。

在菜单栏中选择"文件">"导入">"多个文件"命令（或按"Ctrl+Alt+I"组合键），在弹出的"导入多个文件"对话框中选中素材，接着单击"导入"按钮，单击后，系统继续显示"导入多个文件"对话框，以便用户继续导入其他文件。如果已完成导入，单击"完成"按钮即可，如图2-5所示。

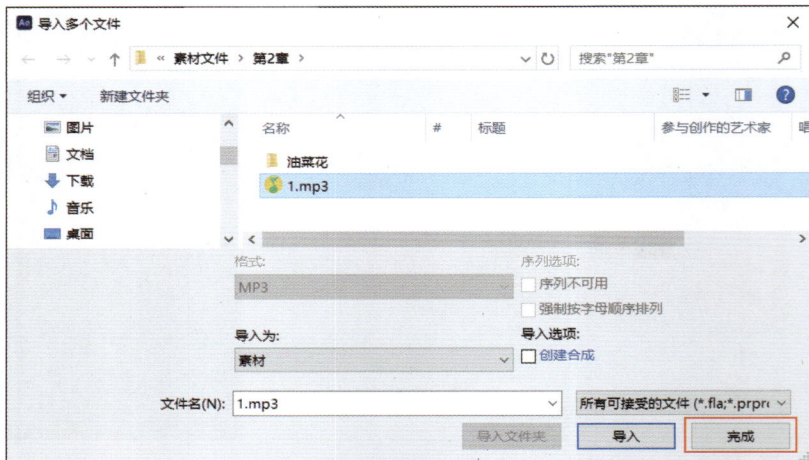

图2-5

💡 **提示与技巧**

在导入素材时，可以一次性选中多个文件：按住"Ctrl"键并单击文件，可以选中不连续的多个文件；按住"Shift"键单击文件，可以选中连续的多个文件。

📋 **课堂讨论**

分享一下使用 After Effects 进行视频编辑时，快速导入素材的方法。

2.1.3 导入图层文件

图层文件通常指的是在图像处理或图形设计软件中创建的文件。这些文件包含了多个图层，每个图层都可以独立编辑、移动或删除。在 After Effects 中，常用的图层文件包括 PSD 格式的分层图像和 AI 格式的分层图形等。

1. 导入 PSD 格式的分层图像

因为After Effects包含Photoshop渲染引擎，所以After Effects可以导入PSD文件的图层属性，包括位置、混合模式、不透明度、Alpha通道、图层蒙版、图层组（导入为嵌套合成）、调整图层、图层样式等。

下面导入一个PSD格式的分层图像。

在菜单栏中选择"文件">"导入">"文件"命令（或按"Ctrl+I"组合键），在弹出的"导入文件"对话框中选中素材（素材文件\第2章\汽车.psd），单击"导入"按钮，如图2-6所示。弹出的"汽车.psd"对话框中包括"导入种类"和"图层选项"，其中"导入种类"包含"素材""合成""合成-保持图层大小"3个选项，如图2-7所示。

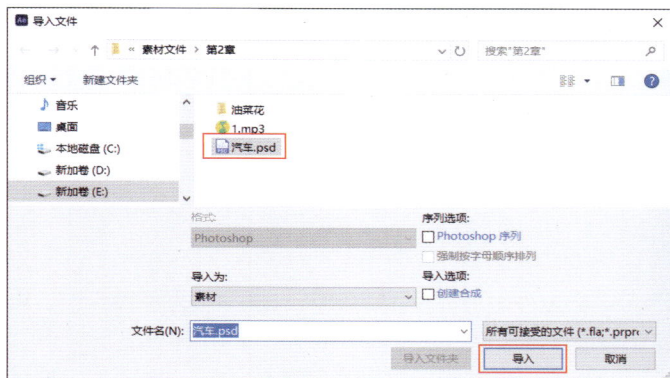

图2-6

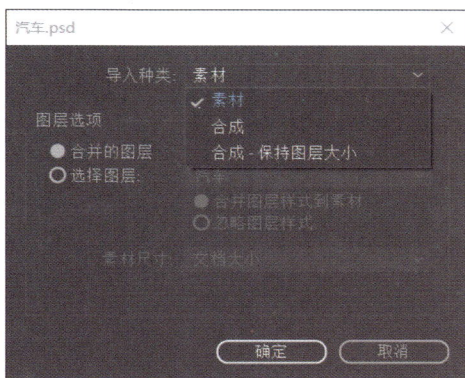

图2-7

素材：当需要将PSD文件合并后的图层或PSD文件中的某个图层作为一张静态图片导入After Effects时，可以选择"素材"选项。

① 将合并图层作为一张静态图片导入。将"导入种类"设置为"素材"，在"图层选项"中选中"合并的图层"单选项，如图2-8所示，单击"确定"按钮，PSD文件中的所有图层将被合并为一个图层，以一张图片的形式导入"项目"面板，如图2-9所示。

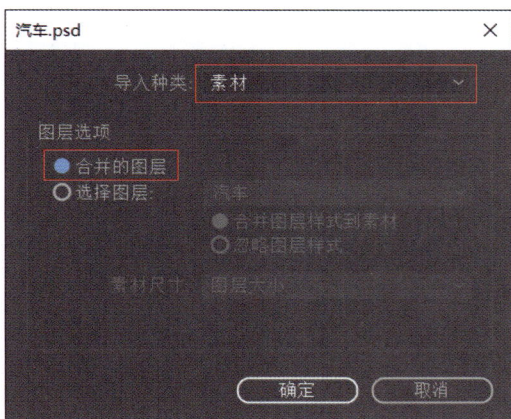

图2-8

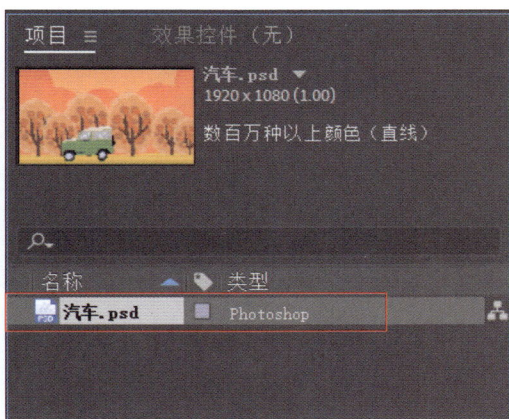

图2-9

② 选择特定的图层进行导入。将"导入种类"设置为"素材"，在"图层选项"中选中"选择图层"单选项，可以在右侧的下拉列表中选择分层图像中的某一图层（这里选择"树林"图层），如图2-10所示，单击"确定"按钮，将该图层导入"项目"面板，如图2-11所示。

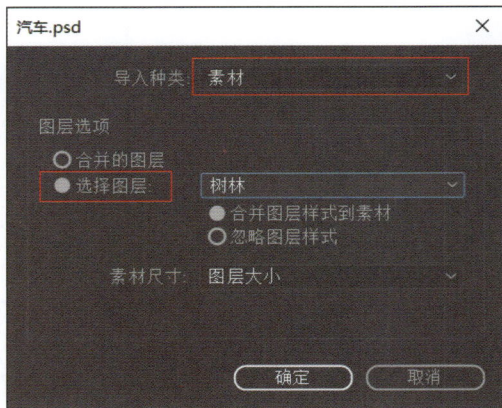

图2-10

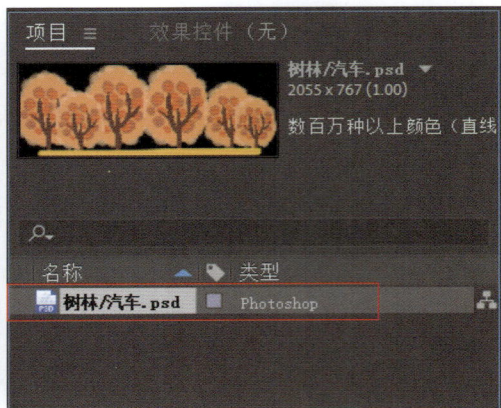

图2-11

💡 **提示与技巧**

　　选择特定的图层进行导入时，会显示"素材尺寸"下拉列表，该下拉列表包含"文档大小"和"图层大小"两个选项。如果需要保持文件间的整体布局和比例，可以选择"文档大小"选项；如果需要精确控制每个图层的尺寸和位置，则应选择"图层大小"选项。

　　合成： 当需要将PSD文件中的分层图像导入After Effects，并保持这些图像的分层结构时，可以选择"合成"选项，以便在After Effects中对各个图层进行独立的编辑和动画处理。

　　将"导入种类"设置为"合成"，在"图层选项"中选中"可编辑的图层样式"单选项，单击"确定"按钮，如图2-12所示。在"项目"面板中，导入的图层位于文件夹中，系统会建立包含这些图层的合成，如图2-13所示，这些图层的尺寸与合成尺寸一致。

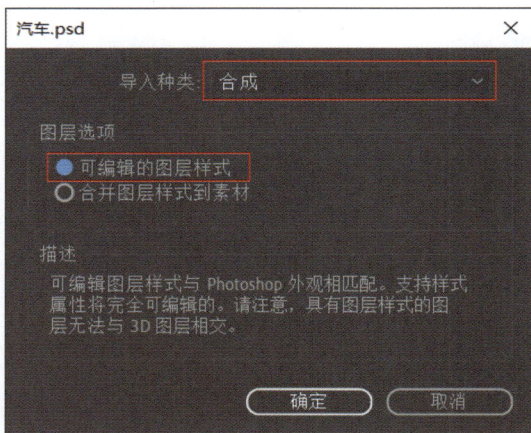

图2-12

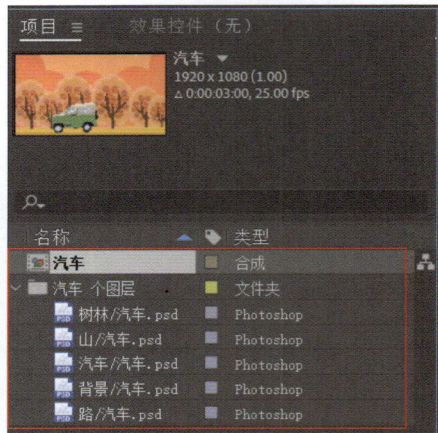

图2-13

　　合成–保持图层大小： 该选项与"合成"选项的功能相似，区别在于，选择"合成"选项时，系统会根据源文件尺寸自动调整合成的大小，导入后的图层尺寸与合成尺寸一致；而选择"合成–保持图层大小"选项时，系统将尽可能保持每个图层的原始尺寸不变，确保导入的图层在After Effects中的显示效果与源文件保持一致。

　　将"导入种类"设置为"合成–保持图层大小"，在"图层选项"中选中"可编辑的图层样式"单选项，单击"确定"按钮，如图2-14所示。在"项目"面板中，导入的图层位于文件夹中，系统会建立包含这些图层的合成，如图2-15所示。

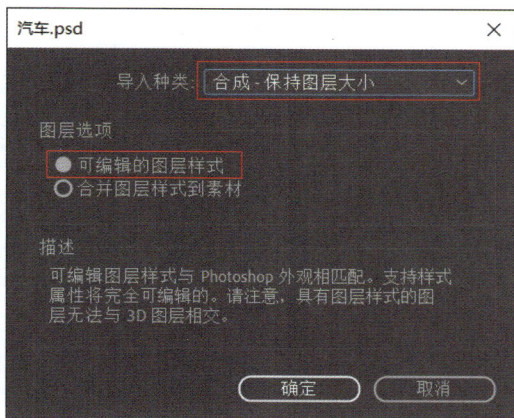

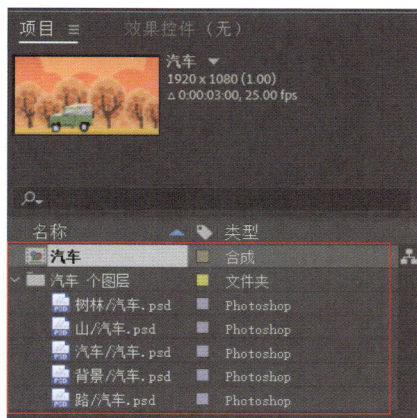

图2-14　　　　　　　　　　　　　图2-15

2．导入 AI 格式的分层图形

导入AI格式分层图形的方法与导入PSD格式分层图像相同，可以合并为素材，也可以按合成的方式导入。按合成方式导入的操作也可以在"导入文件"对话框中完成。例如，这里在打开的"导入文件"对话框中选择"雪景.ai"文件，将"导入为"设置为"合成-保持图层大小"，单击"导入"按钮，如图2-16所示；将该文件导入到"项目"面板中，并自动建立合成，如图2-17所示。

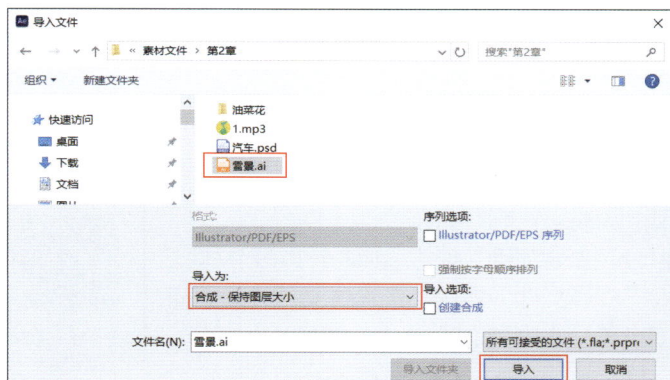

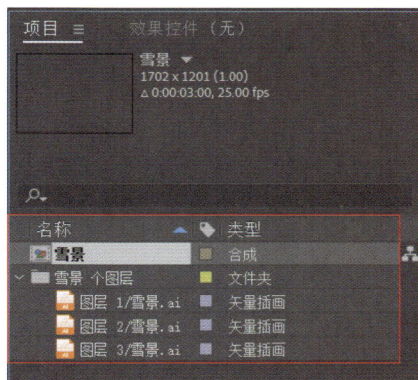

图2-16　　　　　　　　　　　　　图2-17

2.1.4　导入图像序列

在After Effects中可以将静止图像文件作为单个素材项目（单个素材项目类似视频素材，其中每个静止图像作为一帧）导入，也可以将一系列静止图像文件作为静止图像序列导入。要将多个图像文件作为静止图像序列导入，这些文件必须位于同一个文件夹中，并且文件名必须使用相同的数字或字母按顺序连续编号（如Seq1、Seq2、Seq3）。After Effects使用序列中第一个图像的属性来确定如何解释序列中的图像。

打开"导入文件"对话框，在"图像序列"文件夹中选择第一个文件"遛狗 1.png"，勾选"PNG序列"复选框，单击"导入"按钮，如图2-18所示。图像序列将被导入"项目"面板，如图2-19所示。

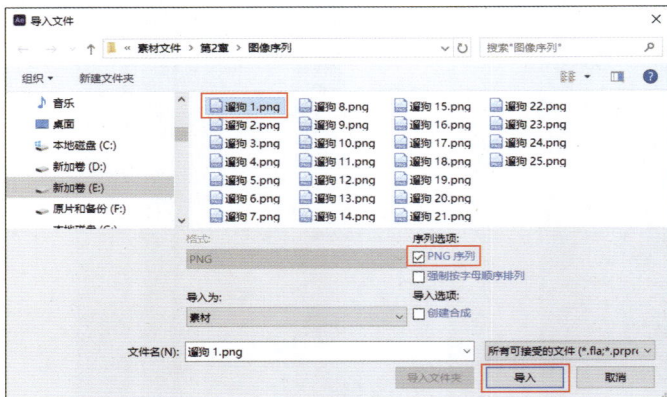

图2-18

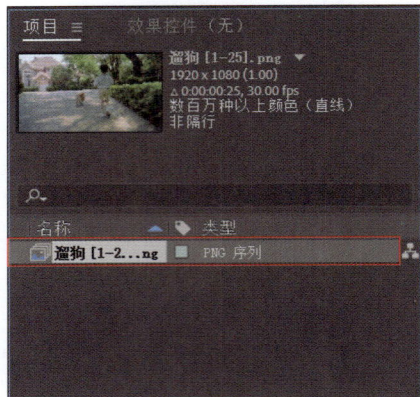

图2-19

2.1.5 导入After Effects项目文件或Premiere Pro项目文件

在菜单栏中选择"文件">"导入">"文件"命令，在弹出的"导入文件"对话框中选择要导入的After Effects项目文件（.aep），单击"导入"按钮，即可将After Effects项目文件导入"项目"面板。

选择"文件">"导入">"导入Premiere Pro项目"命令，在弹出的"导入Adobe Premiere Pro项目"对话框中选择要导入的Premiere Pro项目文件（.prproj），单击"打开"按钮，即可将Premiere Pro项目文件导入"项目"面板。

2.1.6 课堂案例——导入素材制作视频

将素材导入"项目"面板，并制作视频，具体操作步骤如下。

（1）在菜单栏中选择"文件">"新建">"新建项目"命令，创建一个项目文件。

（2）在菜单栏中选择"文件">"导入">"文件"命令，将素材文件"动图插画.gif"和"安静木吉他.wav"（素材文件\第2章）导入"项目"面板，如图2-20所示。

2-1 导入素材制作视频

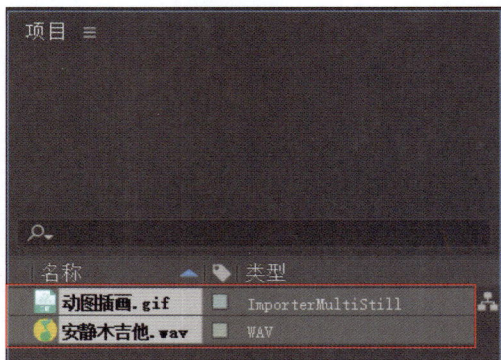

图2-20

（3）将"动图插画.gif"拖曳到"时间轴"面板，"项目"面板中自动新建一个同名的合成，如图2-21所示。然后将"安静木吉他.wav"拖曳到"时间轴"面板中，完成视频的制作，如图2-22所示。

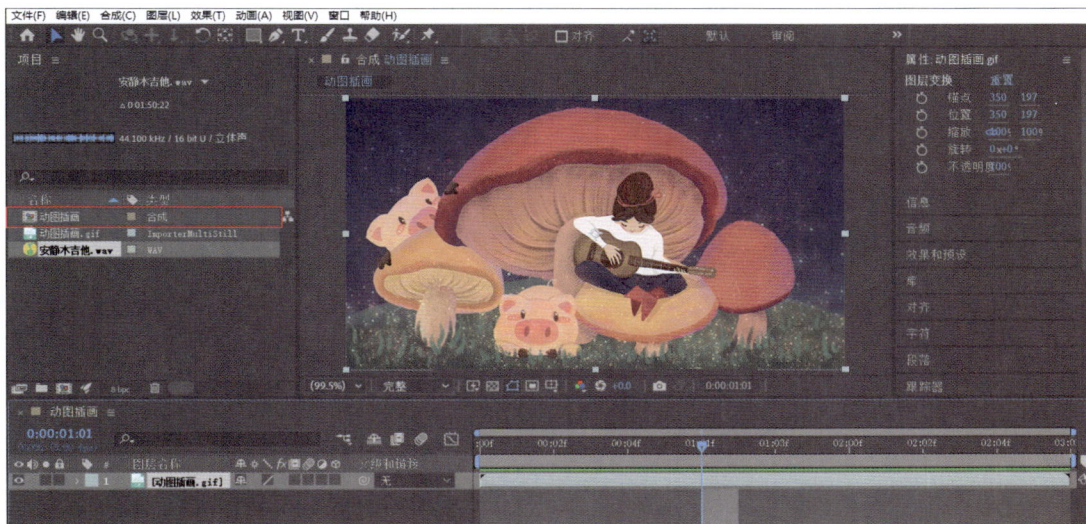

图2-21

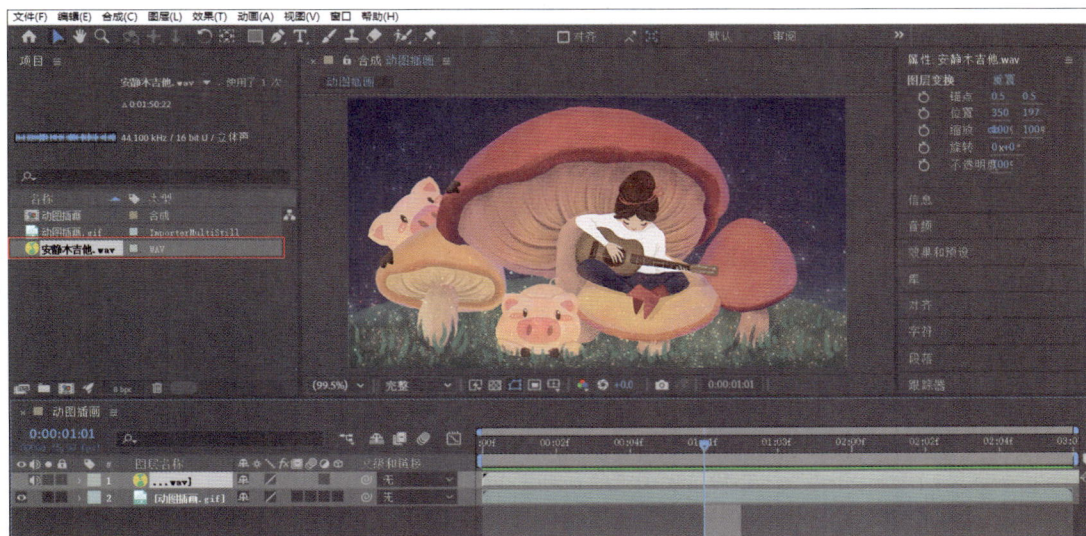

图2-22

2.2 管理素材

有效地管理素材能够提升工作效率，避免混乱，确保项目顺利进行。

2.2.1 组织素材

1. 新建文件夹

当"项目"面板中导入的素材和建立的合成数量较多时，可以在"项目"面板中建立文件夹进行分类管理。单击"项目"面板下部的"新建文件夹"按钮■，或者在"项目"面板空白处单击鼠标右键，在弹出的快捷菜单中选择"新建文件夹"命令，都可新建文件夹。

2. 重命名

在"项目"面板中选中某个素材、合成或文件夹，按"Enter"键，即可对其进行重命名。

3. 删除

在"项目"面板中选中某个素材、合成或文件夹，单击"删除所选项目项"按钮⬛️或按"Delete"键即可将其删除。

2.2.2 查找素材

在"项目"面板的搜索栏 ⬛️ 中输入某个素材或合成的名称，即可进行素材或合成的查找，如图2-23所示。该功能特别适用于包含大量素材或合成的情况。

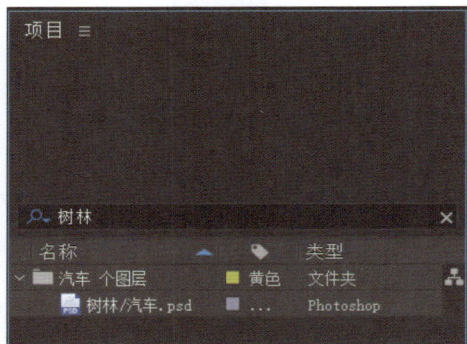

图2-23

2.2.3 替换素材

在打开项目时，如果指定路径没有对应的素材文件，After Effects会提示文件丢失，如图2-24所示。

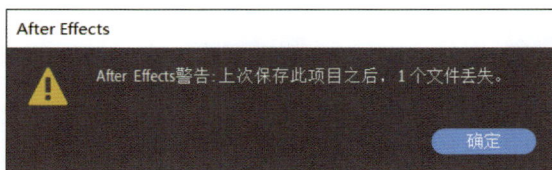

图2-24

打开项目后，"项目"面板中丢失的文件以占位符①代替，如图2-25所示"1.jpg"素材丢失。

如果要恢复"1.jpg"素材，需要在其上单击鼠标右键，在弹出的快捷菜单中选择"替换素材">"文件"命令（或按"Ctrl+H"组合键），如图2-26所示，打开替换素材文件的对话框，在其中指定正确的文件路径，选中文件，单击"导入"按钮，即可替换素材。

---

① 是一个静止的彩条图形，用来临时代替缺失的素材。

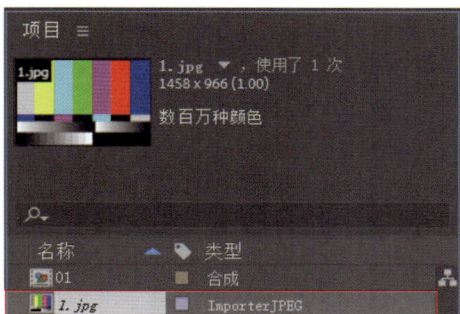

图2-25

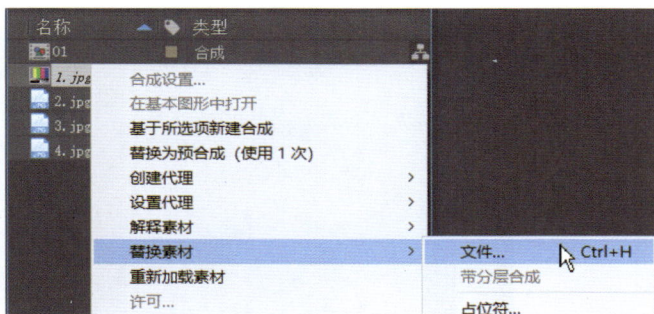

图2-26

💡 提示与技巧

导入After Effects"项目"面板的素材文件为链接路径，源文件删除或位置改变后，After Effects会提示缺失素材，所以使用中的素材不可轻易删除或改变存储位置。

💡 提示与技巧

在"项目"面板的搜索栏左侧单击 以展开下拉列表，选择"缺失素材"选择，可以筛选显示出项目中链接失效的文件，如图2-27所示。单击右侧的 图标，关闭筛选，恢复全部素材的显示。

图2-27

2.2.4　解释素材

After Effects可自动解释许多常用媒体格式，支持通过"解释素材"命令修改帧速率、像素长宽比、循环等属性。

在"项目"面板中选中一个视频素材，在其上单击鼠标右键，在弹出的快捷菜单中选择"解释素材"＞"主要"命令（或按"Ctrl+Alt+G"组合键），打开"解释素材：油菜花1.mp4"对话框，在其中可以进行帧速率、像素长宽比、循环次数等的设置，如图2-28所示。

💡 提示与技巧

对于导入的图像序列，也可以在其上单击鼠标右键，在弹出的快捷菜单中选择"解释素材"＞"主要"命令，打开"解释素材"对话框进行相关选项的设置。

💡 提示与技巧

选中"匹配帧速率"单选项，可确保素材在合成项目中以正确的速度播放，从而确保画面的流畅性。当源素材的帧速率与合成项目不一致时（例如，将帧速率为60帧/秒的素材置于24帧/秒的项目中），直接应用可能导致画面跳帧或播放卡顿。此时选中"匹配帧速率"单选项，素材的播放速度将与合成项目同步，避免了画面跳帧或播放卡顿的问题。此过程不改变素材源文件，仅调整After Effects中素材的持续时间，因此画质保持不变，清晰度和细节得以保留。

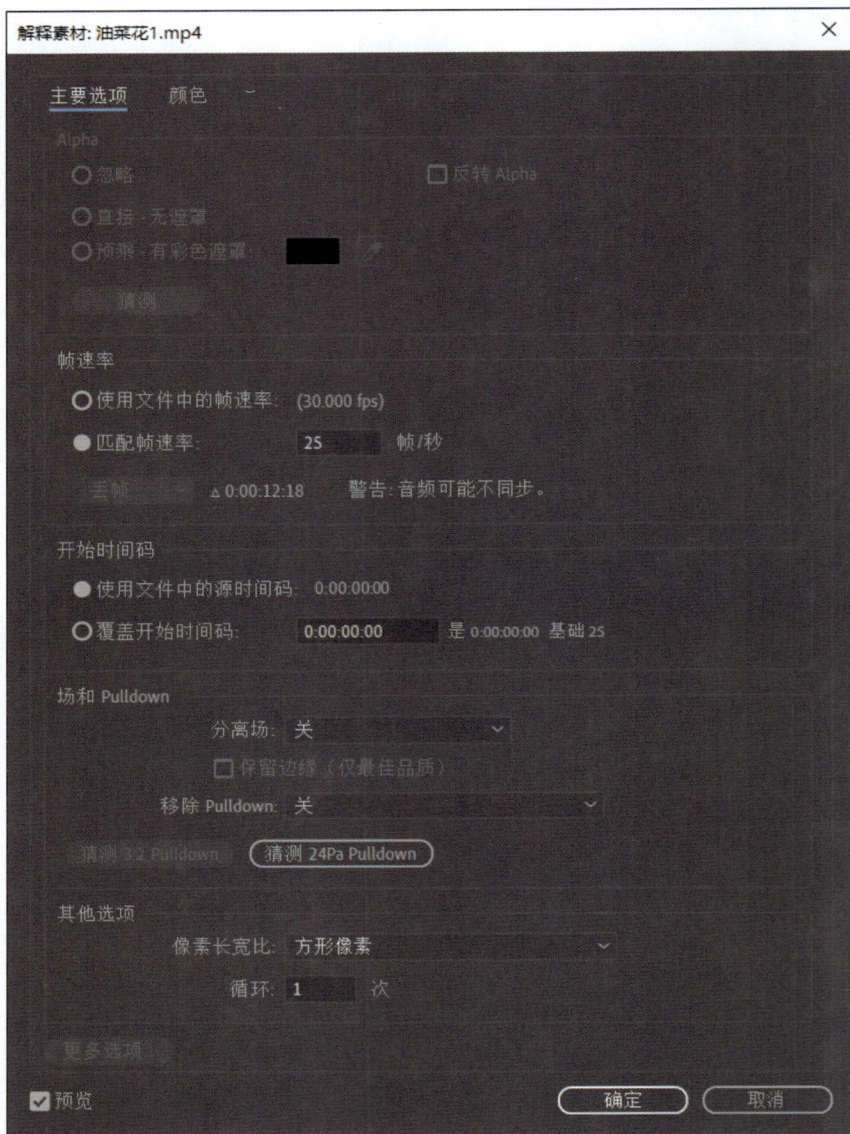

图2-28

📖 **课堂讨论**

讨论如何管理素材，确保项目在不同环境或设备间迁移时素材不会丢失。

2.2.5 课堂案例——制作可循环视频

在After Effects中，可制作可循环视频，如转动的标识元素、循环的背景。当一段视频可以首尾衔接流畅播放时，就可以通过设置视频素材的循环次数来延长播放时间，从而省去手动复制、一段一段首尾连接的操作。具体操作步骤如下。

（1）在"项目"面板中导入视频素材"风车.mp4"（素材文件\第2章），默认时长为5秒，如图2-29所示。

2-2 制作可循环视频

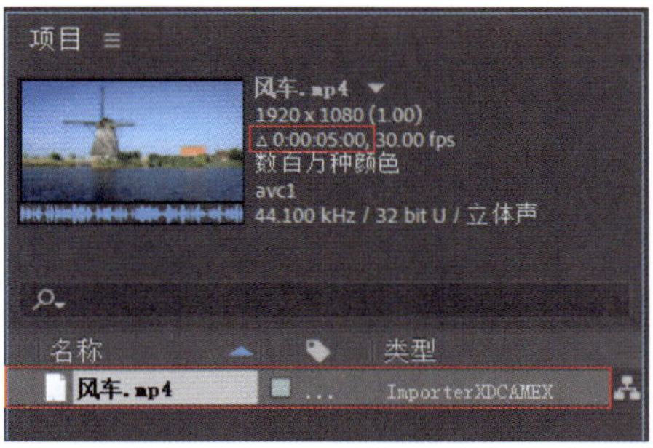

图2-29

（2）在"项目"面板的"风车.mp4"素材上单击鼠标右键，在弹出的快捷菜单中选择"解释素材"＞"主要"命令，在打开的"解释素材"对话框中设置"循环"为3次，单击"确定"按钮，如图2-30所示。素材的时长变为15秒，如图2-31所示。

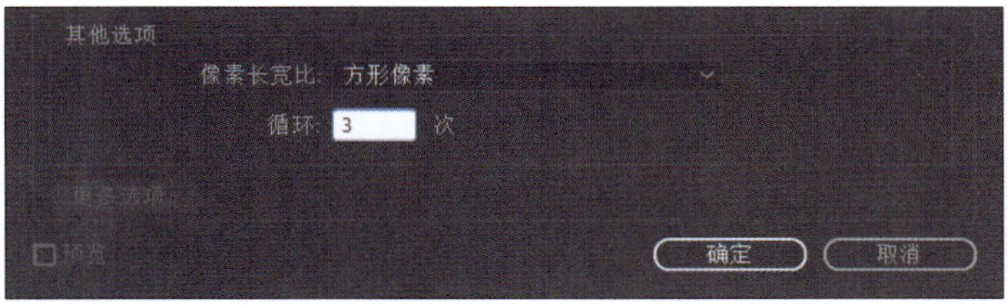

图2-30

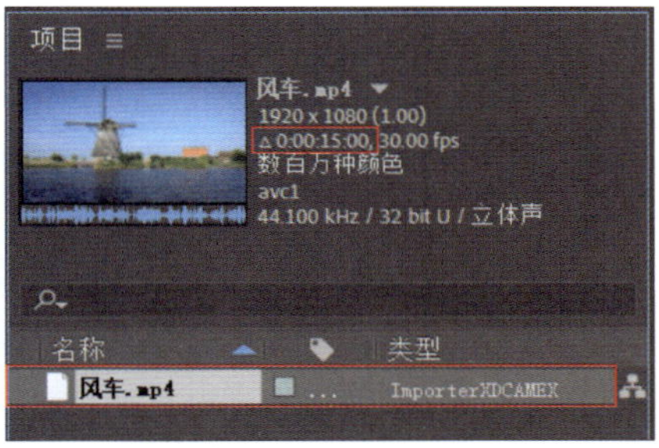

图2-31

2.3　思考与练习

一、单选题

1. 在After Effects中，按（　　　）组合键可以打开"导入文件"对话框。
   A. Ctrl+H　　　　　　　　　　　B. Ctrl+N
   C. Ctrl+I　　　　　　　　　　　D. Ctrl+M

2. 在"项目"面板中选中某个素材、合成或文件夹，按（　　　）键即可对其进行重命名。
   A. Ctrl　　　　　　　　　　　　B. Shift
   C. Delete　　　　　　　　　　　D. Enter

3. 在After Effects中，按（　　　）组合键可以打开"解释素材"对话框。
   A. Ctrl+Shift+D　　　　　　　　B. Ctrl+H
   C. Ctrl+I　　　　　　　　　　　D. Ctrl+Alt+G

二、判断题

1. 在After Effects中，不能导入AI格式的分层图形。（　　　）

2. 在After Effects中可以将静止图像文件作为单个素材项目导入，也可以将一系列静止图像文件作为静止图像序列导入。（　　　）

3. 导入After Effects"项目"面板的素材文件链接（或引用）方式，源文件删除或位置改变后，

After Effects 会提示缺失素材。（　　　）

三、操作题

1. 使用素材文件"客厅.psd"（素材文件\第2章\思考与练习）练习导入单个图层图像和将该文件中的分层图像同时导入 After Effects。

2. 将素材文件"看书.psd"（素材文件\第2章\思考与练习）作为序列导入 After Effects，设置该序列的帧速率为25帧/秒。

2.4　项目实训：使用模板制作动画

【实训目标】

使用 After Effects 模板进行创作，可以大大节省从头开始设计的时间，更快地完成项目，并且通过使用和修改模板，可以学习到专业设计师的创作思路和技巧。

【实训步骤】

使用 After Effects 模板制作动画的过程中，用户可以利用"替换素材"命令来替换模板中原有的素材，以制作出符合自己特定需求或创意的动画，本实训效果如图2-32所示。下面介绍一下具体的操作步骤。

图2-32

（1）打开模板。在菜单栏中选择"文件">"打开项目"命令（或按"Ctrl+O"组合键），弹出"打开"对话框，在该对话框中选择项目文件（素材文件\第2章\使用模板制作动画\模板.aep）将其打开，如图2-33所示。

（2）替换模板文字。在"合成"面板中，使用横排文字工具 T 选中第一行文字，输入"荷之雅韵"，选中第二行文字，输入"夏日里的自然诗篇"，如图2-34所示。

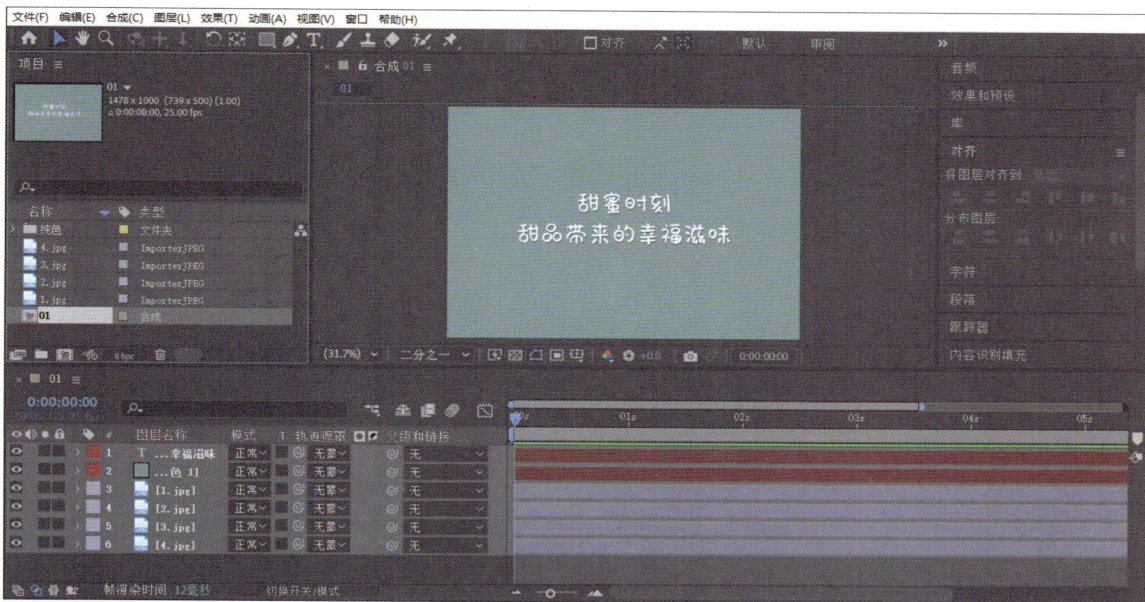

图2-33

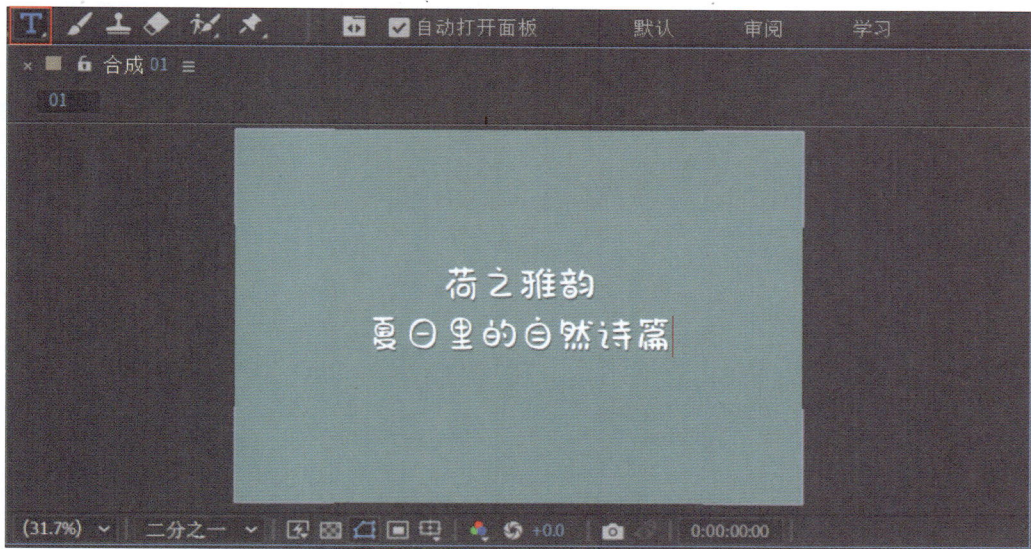

图2-34

（3）替换素材。在"项目"面板中选中"1.jpg"，在其上单击鼠标右键，在弹出的快捷菜单中选择"替换素材">"文件"命令，打开替换素材文件的对话框，选中文件（素材文件\第2章\使用模板制作视频\替换素材\1.jpg），如图2-35所示，单击"导入"按钮，即可替换原素材。然后依次替换其他素材。

（4）调整替换素材的大小。当导入的素材与合成尺寸不一致时，如图2-36所示，可以在"时间轴"面板中选中需要调整的素材，然后单击鼠标右键，在弹出的快捷菜单中选择"变换">"适合复合高度"命令（或"适合复合宽度"命令，具体取决于需求）来调整素材大小以匹配合成尺寸，如图2-37所示。

所有素材调整好后，本实训完成。

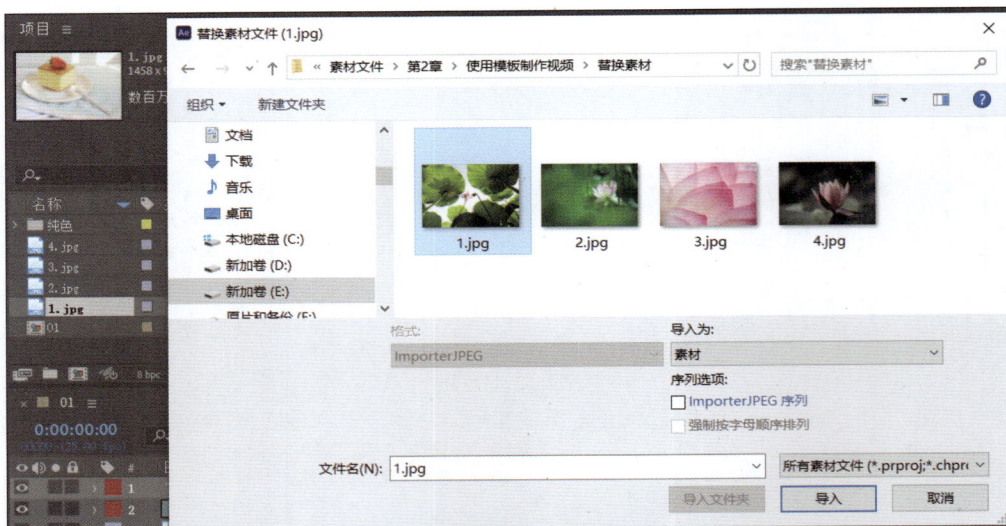

图2-35

图2-36

图2-37

第 3 章

合成与图层

本章导读

　　本章将重点对After Effects中合成与图层的应用与操作进行详细讲解。合成与图层是在After Effects中构建项目的基石，更是After Effects的核心功能，需要熟练掌握。

学习目标

- 了解合成的基本概念与创建方法
- 了解图层的基本概念与图层类型
- 掌握图层的基本操作
- 掌握混合模式的使用方法
- 掌握图层样式的使用方法

3.1 合成

在 After Effects 中，合成是一个项目容器，它用于组织和管理视频、图像、音频和文本等多种媒体元素。每个合成都拥有自己独立的时间轴，时间轴上可以放置多个素材图层，以制作视频动画效果。最终，这些合成可以被渲染输出为所需文件格式的成片。简单的项目可能只包含一个合成；而复杂的项目可能包含数十个甚至数百个合成，以便更好地组织大量素材或实现多种效果。

3.1.1 创建合成

在 After Effects 中创建合成的常用方法有以下几种。

1. 使用"新建合成"与"从素材新建合成"按钮

（1）使用"新建合成"按钮。在 After Effects 中新建项目后，单击"新建合成"按钮，如图3-1所示，打开"合成设置"对话框。在该对话框中，可以设置"合成名称""宽度""高度""像素长宽比""帧速率""分辨率""开始时间码""持续时间""背景颜色"等，如图3-2所示。设置完成后，单击"确定"按钮，即可在"项目"面板中创建一个合成，如图3-3所示。

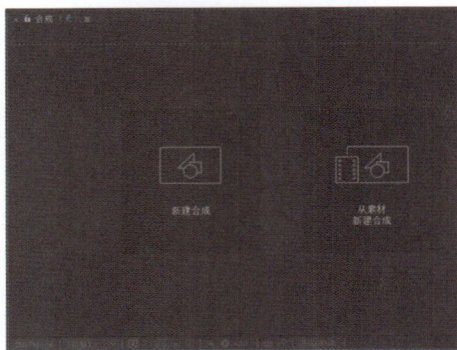

图3-1

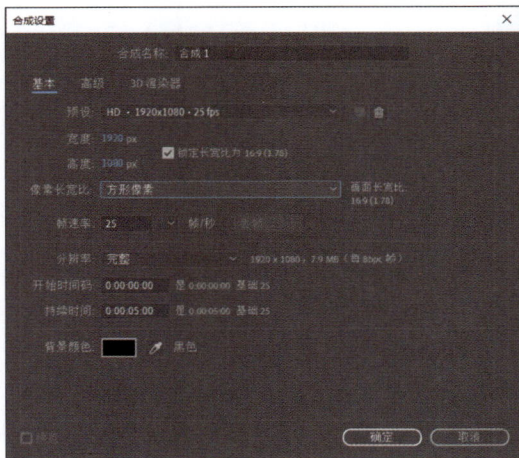

图3-2

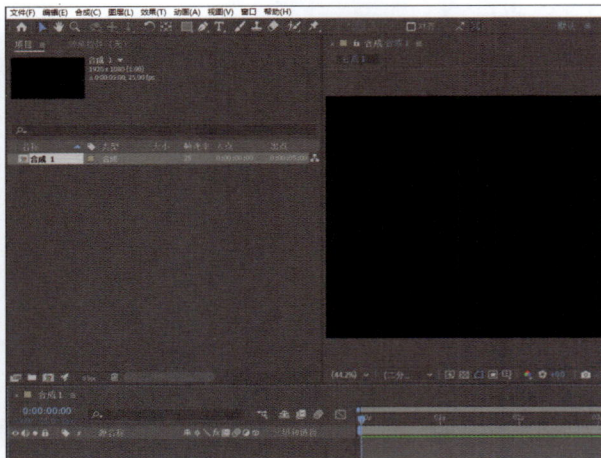

图3-3

（2）使用"从素材新建合成"按钮。在 After Effects 中新建项目后，单击"从素材新建合成"按钮，在打开的"导入文件"对话框中选择一个素材，单击"导入"按钮。此时，该素材将导入"项目"面板，且"项目"面板中会以该素材为名自动新建一个同名的合成。

2．在"项目"面板中新建合成

在"项目"面板中的空白处单击鼠标右键，在弹出的快捷菜单中选择"新建合成"命令，如图3-4所示，在打开的"合成设置"对话框中设置参数后，单击"确定"按钮，即可新建合成。

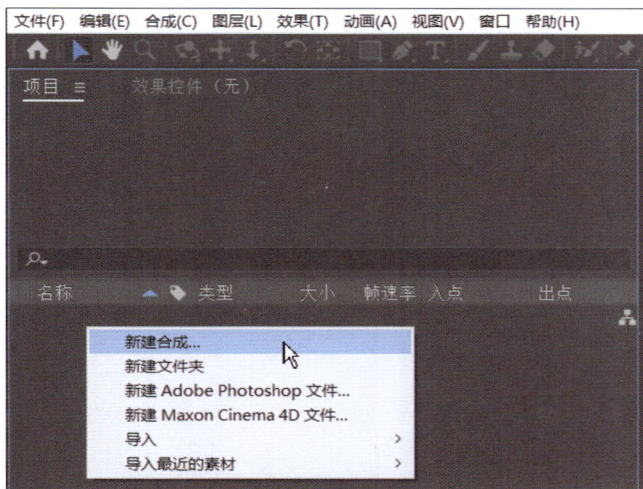

图3-4

3.1.2　设置合成

选择"项目"面板中的合成，单击鼠标右键，在弹出的快捷菜单中选择"合成设置"命令，如图3-5所示，或按"Ctrl+K"组合键，即可打开"合成设置"对话框对合成进行设置。

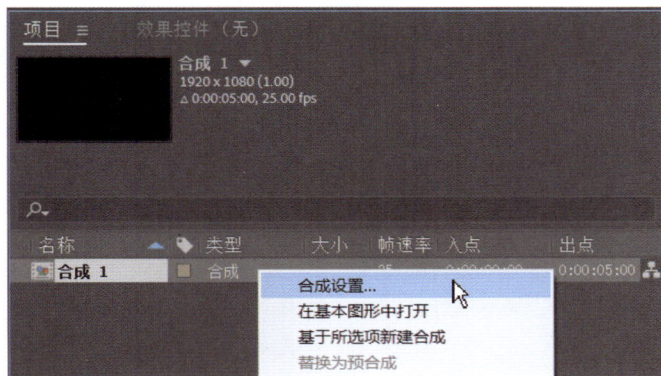

图3-5

课堂讨论

分享一下主流短视频平台常用的视频尺寸规范，以便更好地制作和上传视频内容。

3.1.3　课堂案例——设置合成尺寸

在After Effects中创建合成时，应考虑目标平台的显示分辨率和宽高比要求，以确

3-1　设置合成
尺寸

保视频在目标平台上能够正确显示。设置合成尺寸基础且重要，它决定了最终输出视频的基本尺寸和比例。设置合成尺寸的步骤如下。

（1）打开 After Effects，在菜单栏中选择"文件"＞"新建"＞"新建项目"命令，新建一个项目。单击"新建合成"按钮，打开"合成设置"对话框。

（2）设置合成尺寸。有两种方法，一是使用预设尺寸，即在"合成设置"对话框中，打开"预设"下拉列表，其中包含多种常见的合成尺寸，选择需要的即可，如图3-6所示；二是自定义尺寸，如果预设尺寸中没有符合需求的选项，可以在"预设"下拉列表中选择"自定义"选项，手动输入"宽度""高度""帧速率"等数值来设置合成尺寸。例如，设置电商平台商品主图视频尺寸为800像素×800像素，如图3-7所示。

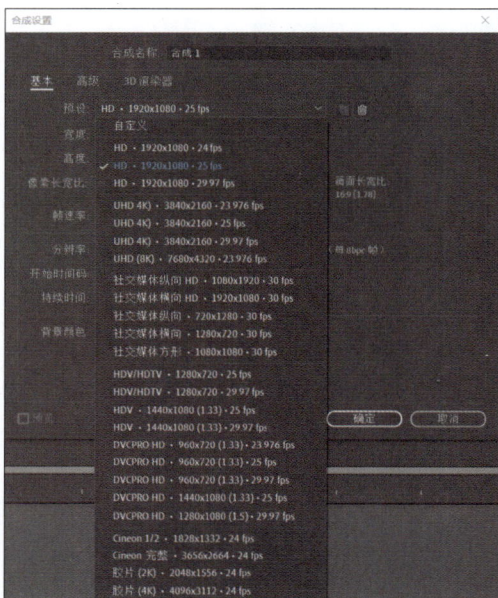

图3-6

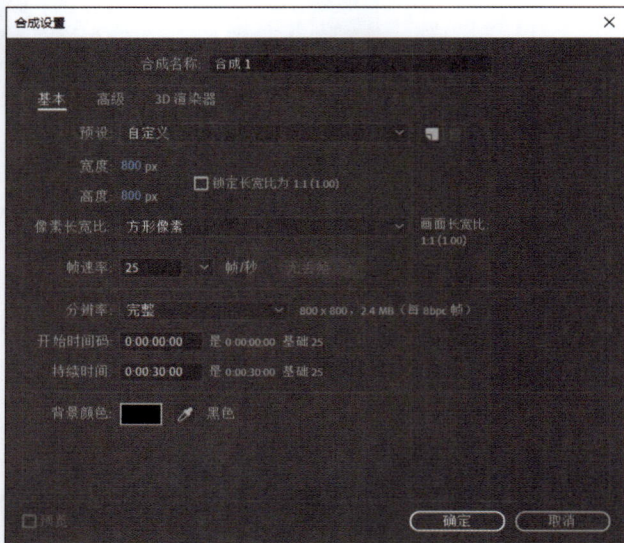

图3-7

3.2 图层

使用 After Effects 制作特效时，直接操作的对象就是图层。所以读者在学习其他操作前，必须要理解图层概念，并熟练掌握图层的基本操作。

3.2.1 图层概念

图层是用于承载图像、视频、文本、形状等视觉内容的独立单元。每个图层都可以独立地进行修改、制作动画和效果处理。通过调整图层的位置、大小、旋转、不透明度、混合模式、图层样式等属性，以及应用各种特效和动画，可以创造出丰富多样的视觉效果和动画场景。合成作品就是将图层按照顺序叠放在一起，从而形成画面的最终效果。

在"时间轴"面板中，可以直观地观察到图层按照顺序依次叠放，如图3-8所示，位于上方的图层内容将影响其下方的图层内容的显示。

图3-8

3.2.2 图层类型

在After Effects中，图层主要包括素材图层、文本图层、纯色图层、灯光图层、摄像机图层、空对象图层、形状图层、调整图层和内容识别填充图层等类型。

素材图层： 是将"项目"面板中的素材直接拖曳到"时间轴"面板中而创建的图层。

文本图层： 用于创建和编辑文字的图层。

纯色图层： 用于制作纯色背景效果。

灯光图层： 用于为场景设置真实的灯光和投影效果。

摄像机图层： 主要用于三维合成制作中，模拟真实摄像机视角及镜头效果，通过调整其位置、焦距等属性，创作出逼真的三维动态场景。

空对象图层： 可以将一些图层关联在空对象上，调节空对象的参数，其他图层就会随之改变。空对象常用于跟踪运动或跟踪摄像机。

形状图层： 用于创建和编辑矢量图形，这些矢量图形是通过矩形工具、圆角矩形工具、椭圆工具、多边形工具、星形工具或钢笔工具等绘制的。

调整图层： 在该图层上添加的效果会应用到其下方所有图层上。

内容识别填充图层： 既可用于将画面中不要的区域去除，也可用于填充画面中的空白区域。

3.2.3 新建图层

1. 使用"新建"命令新建

在菜单栏中选择"图层">"新建"命令，然后选择要新建的图层类型，如图3-9所示。

31

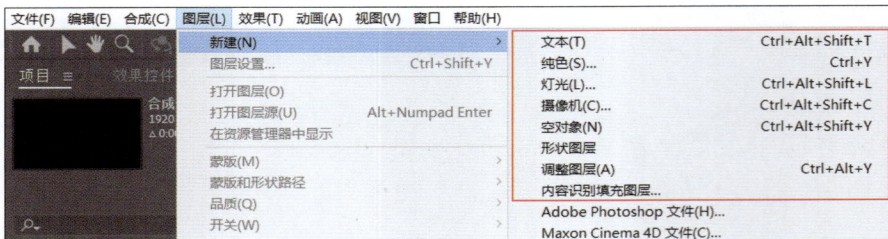

图3-9

2. 使用"时间轴"面板新建

在"时间轴"面板中的空白处单击鼠标右键，在弹出的快捷菜单中选择"新建"命令，然后选择要新建的图层类型，如图3-10所示。

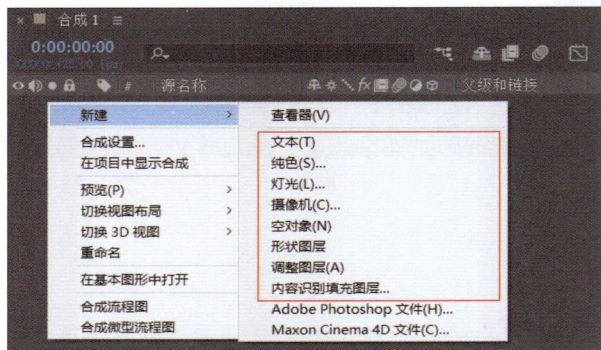

图3-10

3.2.4　调整图层顺序

在"时间轴"面板中选择需要调整顺序的图层，然后将其拖曳至某图层的上方或下方，即可调整图层顺序。不同的图层顺序会产生不同的画面效果，如将"椰树叶.png"图层拖曳到"背景.png"图层的上方，如图3-11所示。调整图层顺序的前后对比效果，如图3-12（a）（b）所示。

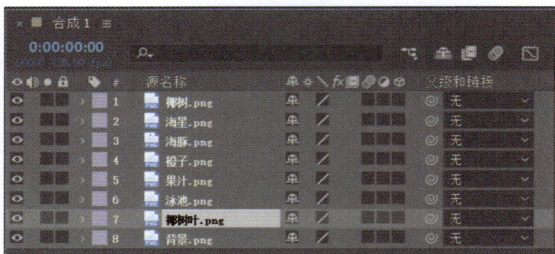

图3-11

（a）　　　　　　　　　　　　　　（b）

图3-12

3.2.5　复制图层

1. 复制和粘贴图层

在"时间轴"面板中选择需要进行复制的图层，然后按"Ctrl+C"组合键复制图层，再按"Ctrl+V"组合键粘贴图层。

2. 创建图层副本

在"时间轴"面板中选择需要创建副本的图层，然后按"Ctrl+D"组合键，即可快速得到图层副本。

3.2.6　删除图层

在"时间轴"面板中选择需要删除的图层，如图3-13所示。然后按"Delete"键，即可删除选中图层，如图3-14所示。

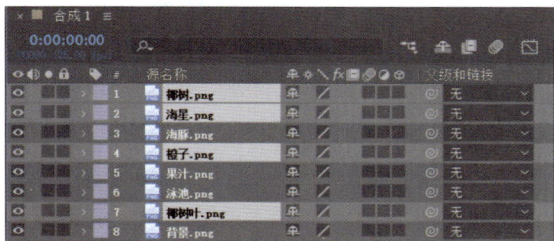
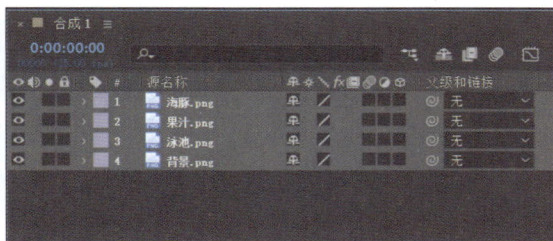

图3-13　　　　　　　　　　　　　　　　　　图3-14

3.2.7　图层的继承关系

在After Effects中，图层的继承关系是一种重要的层级结构，它允许用户将某个图层（子级图层）链接到另一个图层（父级图层）上，使子级图层的位置、旋转、缩放等属性跟随父级图层的变化而自动调整。这种关系在动画制作和视频编辑中非常有用，可以极大地提高制作效率，增强创作的灵活性。

在"时间轴"面板中，将子级图层右侧的"父级关联器"按钮◎拖曳到父级图层名称上，即可将二者链接。例如，将"果汁"图层作为子级图层，将该图层的"父级关联器"按钮拖曳到"海豚"图层的名称上，此时"海豚"图层为父级图层，如图3-15和图3-16所示。

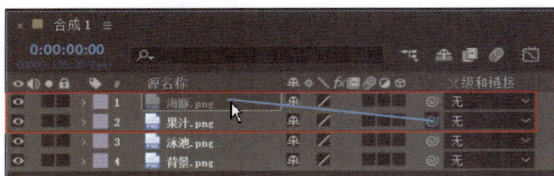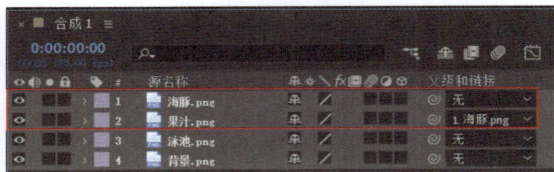

图3-15　　　　　　　　　　　　　　　　　　图3-16

3.2.8　拆分图层

将时间指示器移动到某一帧，选中某个图层，如图3-17所示，然后在菜单栏中选择"编辑"＞"拆分图层"命令或按"Ctrl+Shift+D"组合键，即可将图层拆分为两个图层，如图3-18所示。

图3-17

图3-18

3.2.9　混合模式

混合模式是指两个图层之间的混合效果。修改混合模式的图层与该图层下面的那个图层之间会产生混合效果，不同的混合模式可使画面产生不同的效果。在After Effects中，图层的混合模式有30余种，种类非常多，可以尝试应用每种混合模式，用画面效果来加深印象。选择需要更改混合模式的图层，再在菜单栏中选择"图层"＞"混合模式"命令，在子菜单中选择合适的混合模式即可应用，如图3-19所示。

3.2.10　图层样式

图层样式是添加在当前图层的特殊效果，它不仅可以丰富画面效果，还可以强化画面主体。After Effects提供"投影""内阴影""外发光""内发光""斜面和浮雕""光泽""颜

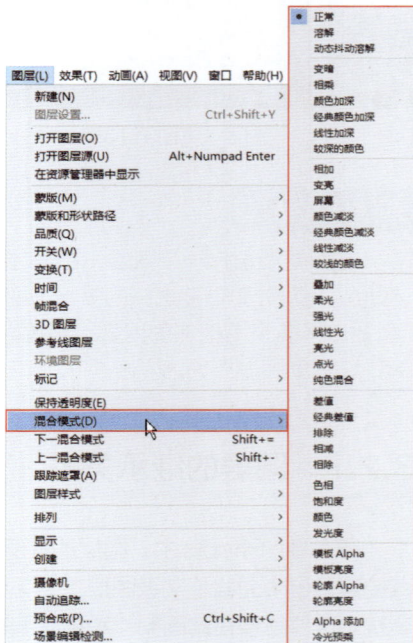

图3-19

色叠加""渐变叠加""描边"等图层样式。这些图层样式在当前图层上既可以单独使用,也可以叠加使用。在实际工作中,图层样式的用途非常广泛,比如制作发光字、质感按钮和各种纹理效果等。

1. 应用图层样式

在"时间轴"面板中,选择需要应用图层样式的图层,再在菜单栏中选择"图层">"图层样式"命令,在子菜单中选择合适的图层样式,这里选择"投影"样式,如图3-20所示。

2. 设置图层样式

应用图层样式后还可以设置图层样式的属性。例如,为素材应用"投影"样式后,"时间轴"面板中该素材的下方会显示"投影"属性,单击▶按钮显示参数设置,在"合成"面板中可以实时查看设置参数后的画面效果,如图3-21所示。

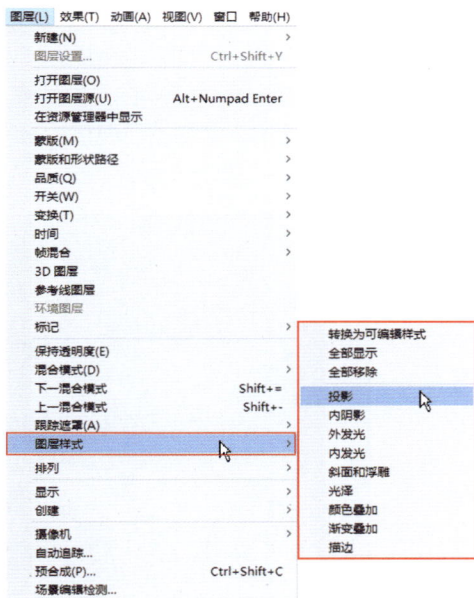

图3-20

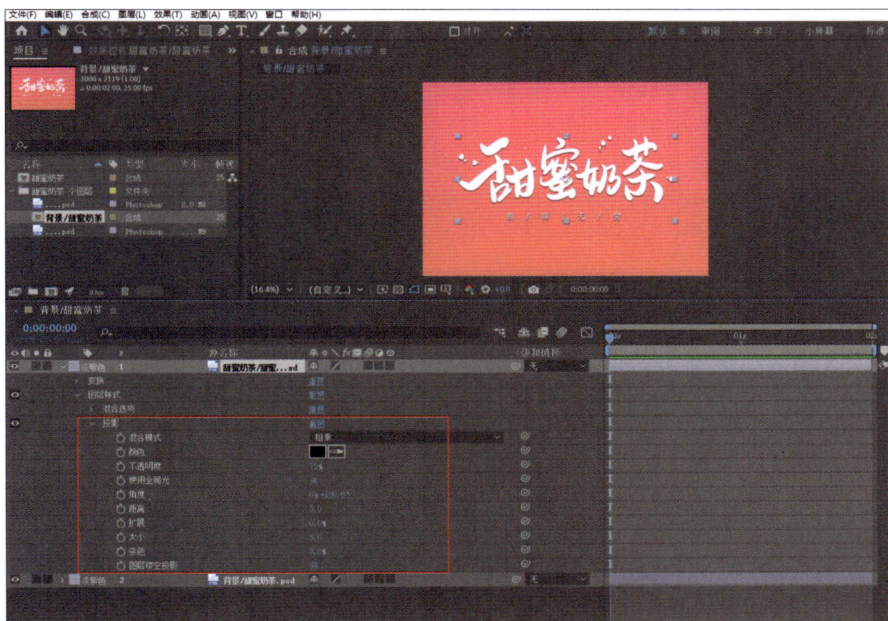

图3-21

3.2.11 课堂案例——利用混合模式改变图片色调

本案例主要利用"颜色"混合模式改变色调。为图层应用"颜色"混合模式,可将当前图层的色相和饱和度应用到其下方图层中,而且不会影响下方图层的亮度。"颜色"混合模式会保留图像中的灰阶,在快速改变图片色调方面非常有用。下面将一张暖色调花卉图片处理成冷色调效果,具体操作步骤如下。

3-2 利用混合模式改变图片色调

（1）新建项目，导入素材（素材文件\第3章\花卉），将"花卉.jpg"拖曳到"时间轴"面板，"项目"面板中自动新建一个同名的合成，如图3-22所示。

（2）在"时间轴"面板中的空白处单击鼠标右键，在弹出的快捷菜单中选择"新建"＞"纯色"命令，如图3-23所示，将弹出"纯色设置"对话框，如图3-24所示。设置合适的参数，单击"确定"按钮，创建一个"纯色"图层。

图3-22

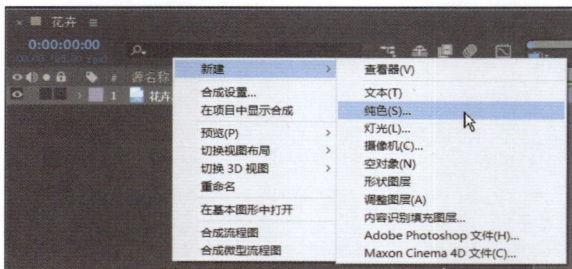

图3-23

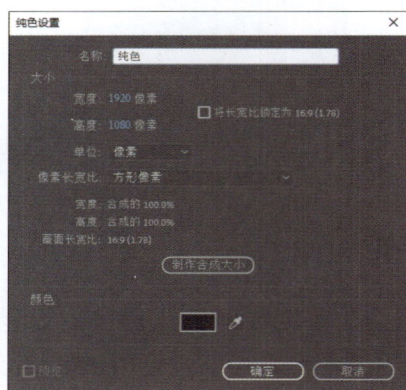

图3-24

（3）在"时间轴"面板中选择"纯色"图层，在菜单栏中选择"图层"＞"图层样式"＞"渐变叠加"命令，如图3-25所示。展开"图层样式"中的"渐变叠加"属性，单击"颜色"属性后方的"编辑渐变"，打开"渐变编辑器"对话框，单击渐变条下方左端的色标，将其更改为浅蓝色（色值为"R：34，G：220，B：253"），单击下方右端的色标，将其更改为深蓝色（色值为"R：88，G：100，B：185"），如图3-26所示；然后设置"角度"为"0x + 130.0°"，"样式"为"线性"，"混合模式"为"颜色"，如图3-27所示，效果如图3-28所示。

💡 提示与技巧

选中"时间轴"面板中创建的"纯色"图层，按"Ctrl+Shift+Y"组合键，可以在打开的"纯色设置"对话框中重新设置参数。

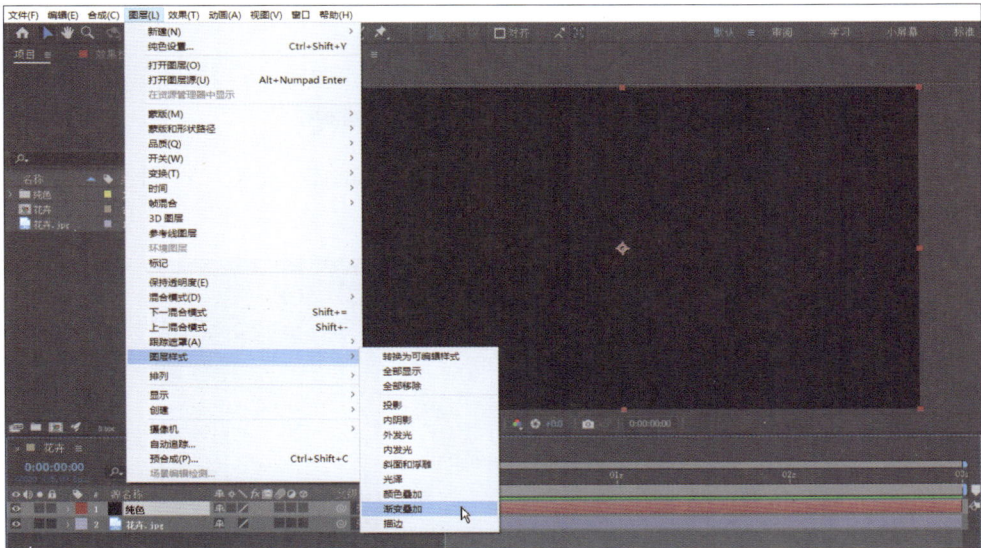

图3-25

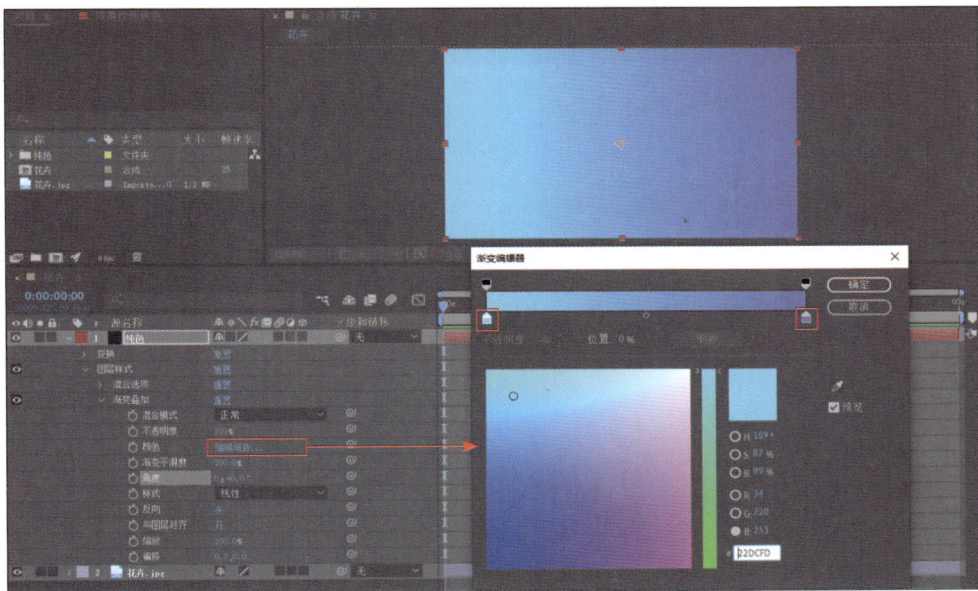

图3-26

图3-27

图3-28

💡 **提示与技巧**

定义渐变颜色时，如果色标不够，在渐变条下方单击即可添加色标，左右拖曳色标可以改变色标的位置；如果要删除色标，选中色标后将其拖离渐变条，释放鼠标左键即可。

（4）在"时间轴"面板中选择"纯色"图层，在菜单栏中选择"图层">"混合模式">"颜色"命令，即可快速改变图片色调，如图3-29所示。

图3-29

📋 **课堂讨论**

如何结合多个图层样式创造出独特的视觉效果，分享一下你的想法。

3.3 思考与练习

一、单选题

1. 在After Effects中，按（　　）组合键可以打开"合成设置"对话框。
   A. Ctrl+K　　　　　　　B. Ctrl+N　　　C. Ctrl+I　　　D. Ctrl+M

2. 在"时间轴"面板中选择需要创建副本的图层，然后按（　　）组合键即可快速得到图层副本。
   A. Ctrl+C　　　　　　　B. Ctrl+V　　　C. Ctrl+D　　　D. Ctrl+M

3. 在After Effects中，按（　　）组合键即可将图层拆分为两个图层。
   A. Ctrl+Shift+D　　　　B. Ctrl+Shift+]
   C. Ctrl+Shift+[　　　　D. Ctrl+Shift+Y

二、判断题

1. 在After Effects中，图层只能按照创建顺序进行堆叠，无法改变它们的上下顺序。（　　）

2. 在After Effects中，可以将一个图层设置为另一个图层的子级图层，这样父级图层的"位置""缩放""旋转"等属性的变化会体现在子级图层上。（　　）

3. "正常"模式是图层默认的混合模式，它不会改变图层的颜色，除非调整图层的不透明度。（　　）

三、操作题

1. 使用素材文件"儿童.psd"和"天空.jpg"（素材文件\第3章\思考与练习）制作一个简单的合成图像。

2. 导入素材文件"T恤.jpg"和"卡通.jpg"（素材文件\第3章\思考与练习），使用混合模式将"卡通"与"T恤"自然融合，制作卡通T恤图像。

3.4 项目实训：制作发光字

【实训目标】

发光字是一种常见的特效，广泛应用于视频编辑、广告制作、动画设计等领域。本实训的任务是制作发光字，主要利用图层样式来打造独特的视觉效果。本实训的目标不仅在于帮助读者掌握图层样式的应用方法，还在于培养学生的视觉设计能力。

【实训步骤】

首先创建项目并导入素材。该实训的文字素材由两个图层组成，先对其中一个应用图层样式，然后将图层样式复制到另一个图层上，本实训的原图和效果图如图3-30所示。下面介绍一下具体的操作步骤。

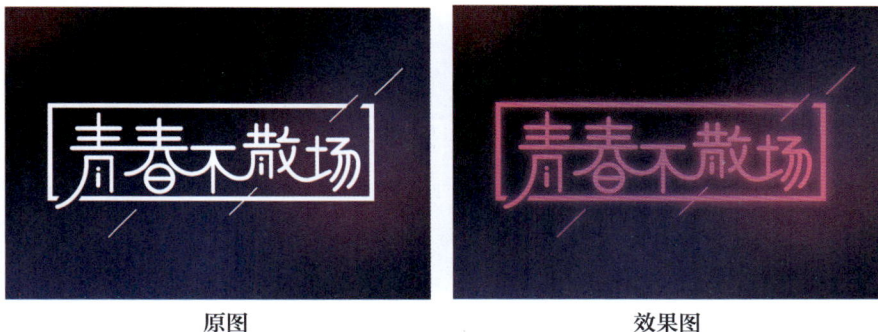

原图　　　　　　　　　　　效果图

图3-30

（1）新建项目，在菜单栏中选择"文件">"导入">"文件"命令，将素材（素材文件\第3章\青春不散场）导入"项目"面板，该文件是PSD分层图像。在弹出的"青春不散场.psd"对话框中，设置"导入种类"为"合成"，在"图层选项"中选中"可编辑的图层样式"单选项，如图3-31所示，单击"确定"按钮。

（2）在"项目"面板中双击"青春不散场"合成，将该合成包含的图层添加到"时间轴"面板中，如图3-32所示。

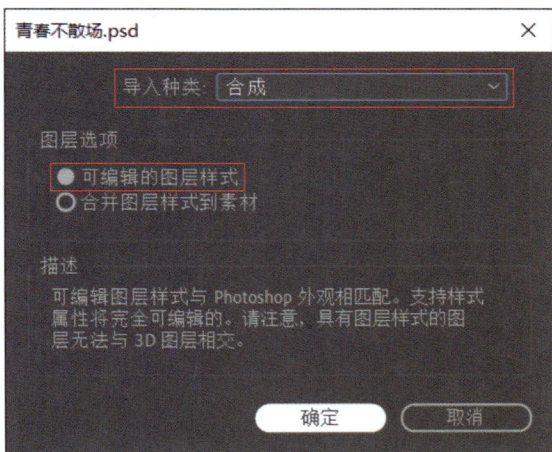

图3-31

图3-32

（3）在"时间轴"面板中，选择"青春不散场"图层，在菜单栏中选择"图层">"图层样式">"渐变叠加"命令。在"青春不散场"图层下，展开"渐变叠加"属性，单击"颜色"属性后方的"编辑渐变"，打开"渐变编辑器"对话框，设置渐变条下方左端的色标（色值为"R：241，G：5，B：149"），设置渐变条下方右端的色标（色值为"R：255，G：0，B：156"），在渐变条下方的中间位置添加一个色标（色值为"R：255，G：0，B：222"）；然后设置"混合模式"为"正常"，"角度"为"0x-18.0°"，"样式"为"线性"，如图3-33所示。

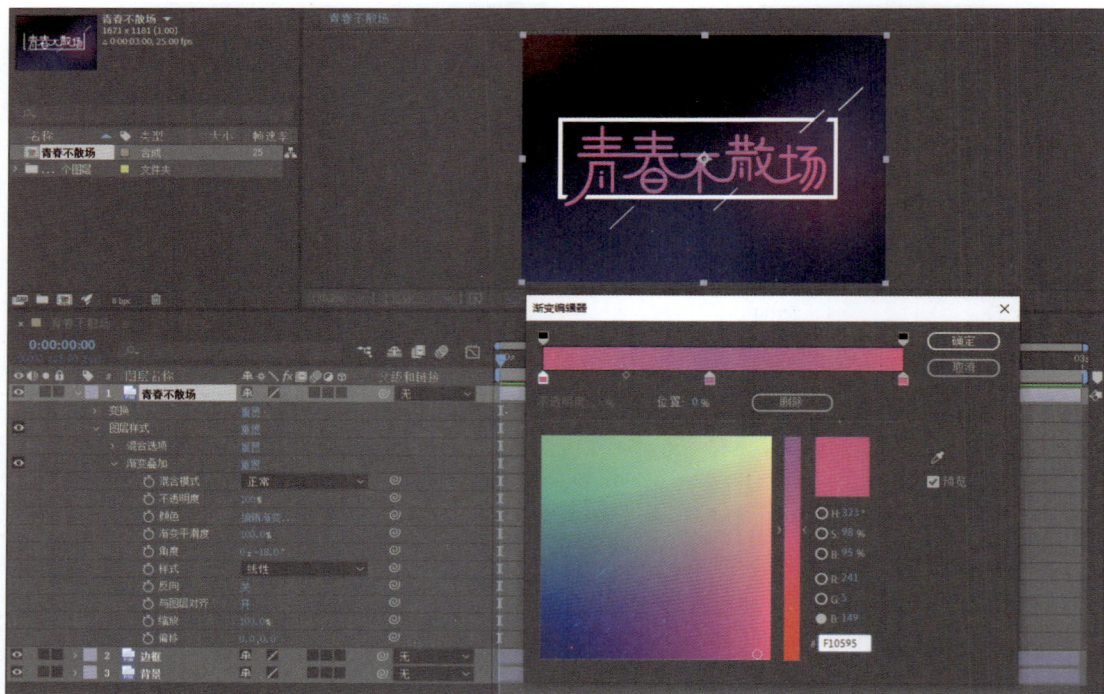

图3-33

（4）在"时间轴"面板中，选择"青春不散场"图层，在菜单栏中选择"图层">"图层样式">"外发光"命令。在"青春不散场"图层下，展开"外发光"属性，单击"颜色"右侧的色块，在打开的"色块"对话框中设置颜色（色值为"R：206，G：27 ，B：130"）；然后设置"混合模式"为"正常"，"不透明度"为"50%"，"扩展"为"7.0%"，"大小"为"46.0"，如图3-34所示，效果如图3-35所示。

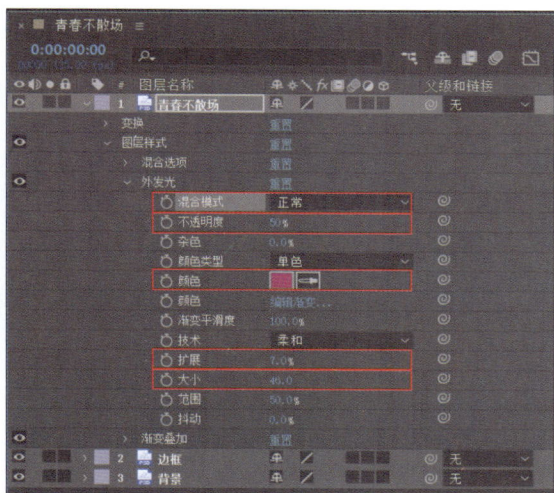

图3-34

图3-35

（5）当为一个图层添加图层样式后，其他图层也需要使用相同的图层样式，此时可以使用复制、粘贴的方式快速为其他图层添加相同的图层样式。在"时间轴"面板中选择需要进行复制的图层样式，如图3-36所示，然后按"Ctrl+C"组合键复制，选中要添加图层样式的图层，再按"Ctrl+V"组合键粘贴图层样式，如图3-37所示。至此，本实训制作完成。

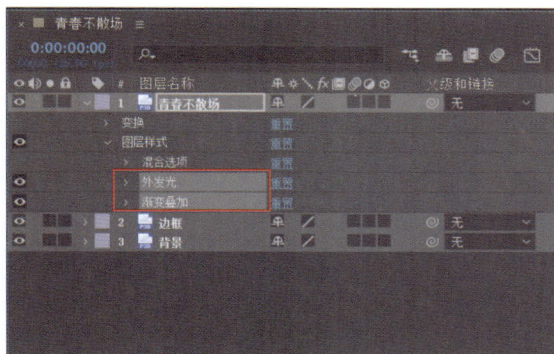

图3-36

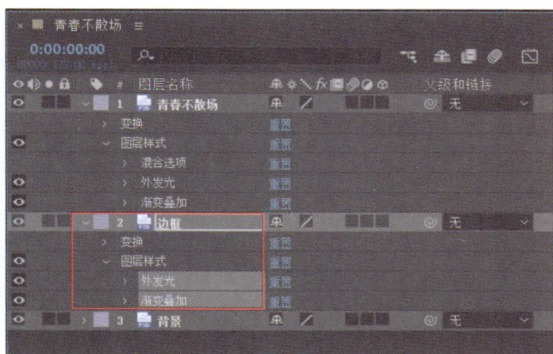

图3-37

第 **4** 章

形状、蒙版、轨道遮罩与文本

本章导读

　　After Effects允许用户通过创建形状图层来绘制图形，利用蒙版或轨道遮罩来精确控制图层中显示或隐藏的区域，进而实现复杂的时间轴动画效果。此外，还支持为视频添加文本，从而制作出引人入胜的视觉效果。本章将主要介绍形状、蒙版、轨道遮罩、文本的概念，以及它们在After Effects中的基本操作方法和应用。

学习目标

- 熟悉形状工具组、钢笔工具组
- 掌握形状的创建和编辑方法
- 掌握蒙版的编辑和使用方法
- 掌握轨道遮罩的编辑和使用方法
- 掌握文本的创建和编辑方法

4.1　形状

在After Effects中，形状是用于创建图形（包括矩形、圆形、多边形等）的基本元素，每个形状都可以拥有自己的填充颜色、描边样式（包括颜色、宽度、端点样式等）等属性。这些图形作为独立的图层（形状图层）存在，不仅是静态画面的重要组成部分，还是动画的基础，可以通过调整它们的属性或应用动画效果来创建动态的视觉效果。使用形状工具组与钢笔工具组中的工具可以绘制各种复杂的图形。

4.1.1　形状工具组

形状工具组包括矩形工具■、圆角矩形工具■、椭圆工具
■、多边形工具■和星形工具★，如图4-1所示。使用这些工具可以绘制各种几何形状。

矩形工具■：用于绘制正方形、长方形。

圆角矩形工具■：用于绘制圆角矩形，圆角矩形的4个角圆润、光滑。

椭圆工具■：用于绘制椭圆、圆形。

多边形工具■：用于绘制多边形。

星形工具★：用于绘制星形。

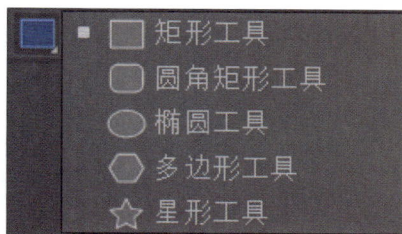

图4-1

4.1.2　钢笔工具组

钢笔工具组包括钢笔工具■、添加"顶点"工具■、删除"顶点"工具■、转换"顶点"工具■和蒙版羽化工具■，如图4-2所示。

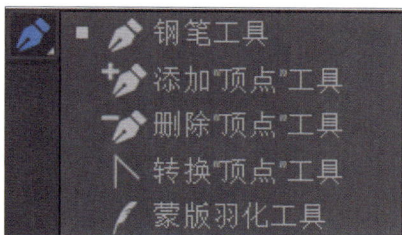

图4-2

钢笔工具■：用于绘制任意形状的图形。钢笔工具在作为选取工具使用时，绘制的路径光滑、准确，可通过将路径转换为选区自由、精确地选取对象。

使用钢笔工具绘制直线段。选择钢笔工具■，在画面中单击以建立第一个锚点，然后间隔一段距离单击，在画面上建立第二个锚点，形成一条直线段，如图4-3所示，在其他位置单击可以继续绘制直线段路径，如图4-4所示。

使用钢笔工具绘制曲线。选择钢笔工具■，在画面中单击并拖曳以建立第一个曲线锚点，该锚点包含两条方向线（即调节手柄），方向线的长度和方向决定了曲线的形状，接着，使用相同的方法（单击并拖曳）建立第二个曲线锚点，这两点之间将形成一条曲线，如图4-5所示；拖动方向线可以调整曲线，将鼠标指针移至一条方向线的端点上，鼠标指针呈▶形状时，拖曳即可调整曲线，如图4-6所示。

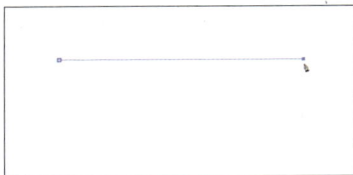

图4-3

图4-4

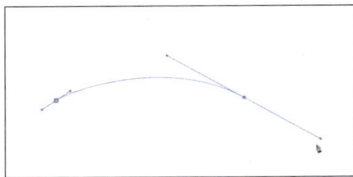

图4-5

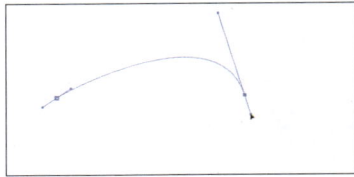

图4-6

> **💡 提示与技巧**
>
> 　　如果要创建闭合路径，可以将鼠标指针放在路径的起点，当鼠标指针呈 形状时，单击即可闭合路径；如果要得到水平、垂直或在水平或垂直的基础上以45°为增量角的直线段，可按住"Shift"键进行绘制。

添加"顶点"工具 ：该工具用于在已绘制的路径中添加新的路径点。

删除"顶点"工具 ：该工具用于删除蒙版或路径中的路径点。注意，删除路径点会影响蒙版和路径的形状或者连续性。

转换"顶点"工具 ：该工具用于将线性点转换为平滑点（显示两个用来控制路径角度及平滑强度的调节手柄），也可以将平滑点转换为线性点（调节手柄消失）。

蒙版羽化工具 ：该工具用于手动调整蒙版边缘的羽化效果。

4.1.3　课堂案例——制作音乐图标

　　在After Effects中制作视频时，可能由于项目需求、品牌宣传、创意设计以及其他相关情况需要绘制图标。绘制图标并添加动画效果，可以为视频增添更多视觉元素，让视频更具创意。下面使用相关工具绘制一个音乐图标，具体操作步骤如下。

4-1　制作音乐图标

　　（1）打开After Effects，在菜单栏中选择"文件">"新建">"新建项目"命令，新建一个项目。单击"新建合成"按钮，在打开的"合成设置"对话框中设置"宽度"为800像素，"高度"为800像素，"帧速率"为25帧/秒，"背景颜色"为白色，单击"确定"按钮创建合成。

　　（2）选择椭圆工具 ，设置"填充"为浅黄色（色值为"R：245，G：223，B：77"），"描边"为"无"，按住"Shift"键拖曳以绘制圆形，如图4-7所示。

　　（3）在"时间轴"面板的空白处单击，确保不选中任何图层。选择椭圆工具 ，设置"填充"为白色（色值为"R：255，G：255,B：255"），"描边"为"无"，按住"Shift"键拖曳以绘制圆形，如图4-8所示。选择钢笔工具 ，设置"填充"为白色（色值为"R：255，G：255，B：255"），"描边"为无，绘制形状，如图4-9所示。选择添加"顶点"工具 ，在需要转换为曲线的位置添加锚点，如图4-10所示。选择转换"顶点"工具 ，在添加的锚点上单击，使其平滑，再选择钢笔工具 ，拖动方向线以调整曲线，如图4-11所示。

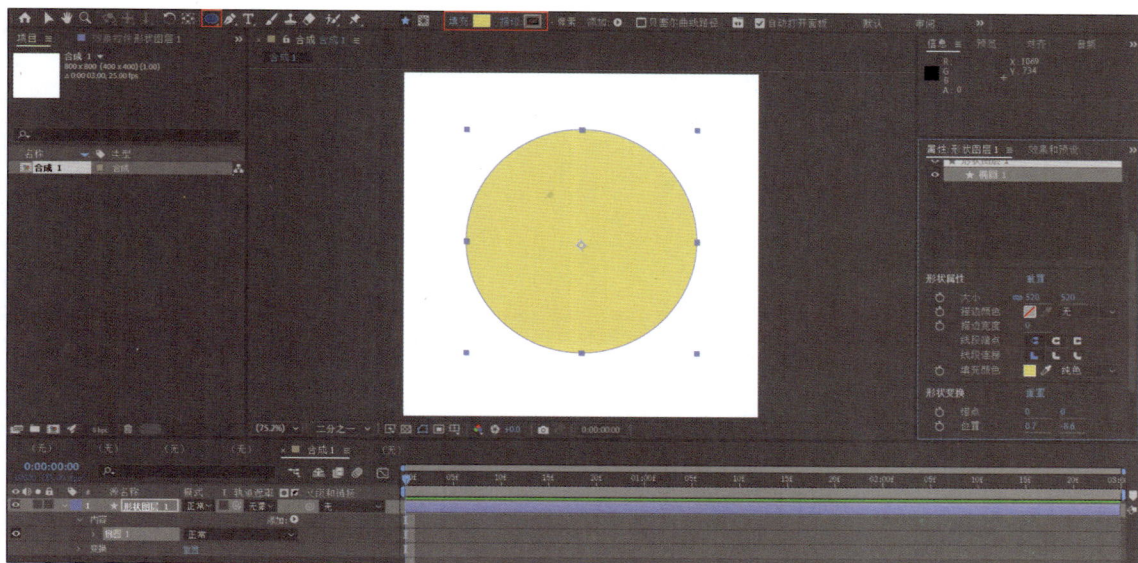

图4-7

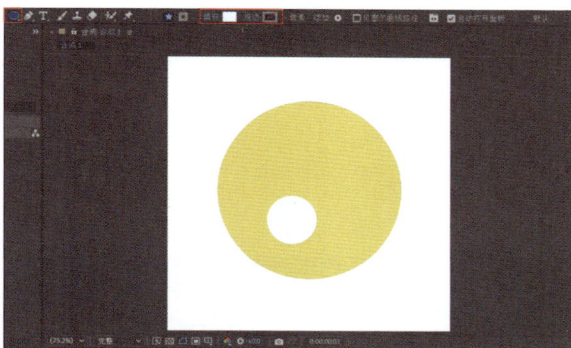

图4-8

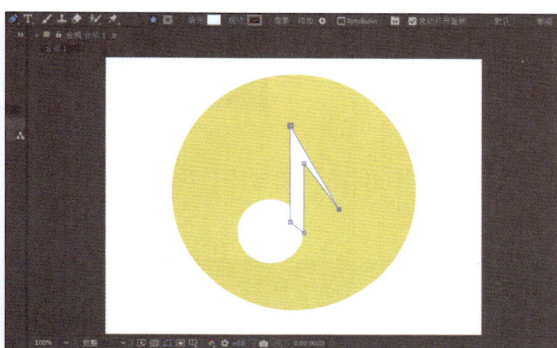

图4-9

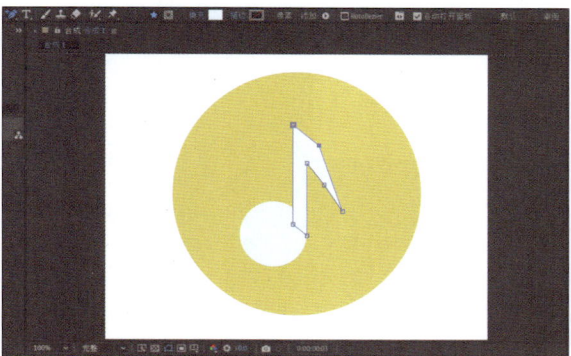

图4-10

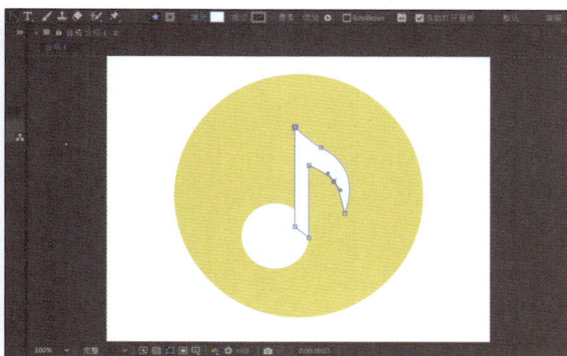

图4-11

（4）在"时间轴"面板的空白处单击，确保不选中任何图层。选择钢笔工具 ✐，设置"填充"为橙黄色（色值为"R：252，G：196，B：28"），"描边"为"无"，绘制形状，如图4-12所示。选择添加"顶点"工具 ✐，在需要转换为曲线的位置添加锚点，如图4-13所示。选择转换"顶点"工具 ╲，在添加的锚点上单击，使其平滑，再选择钢笔工具 ✐，拖动方向线以调整曲线，如图4-14所示。

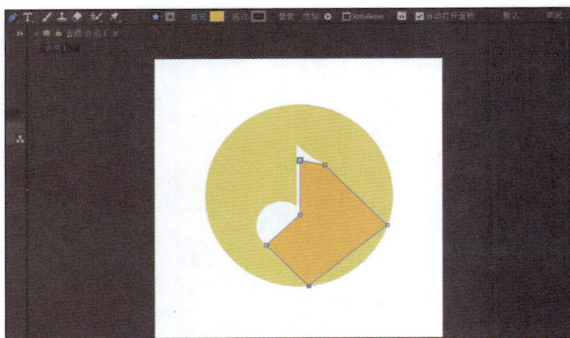

图4-12

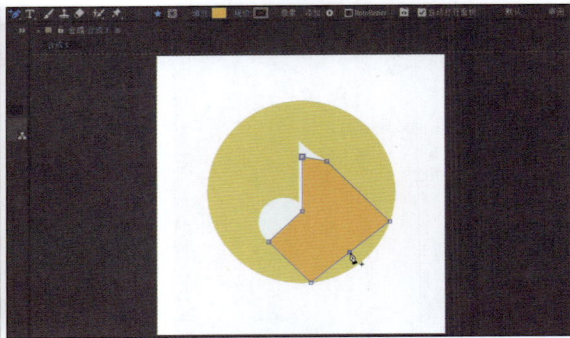

图4-13

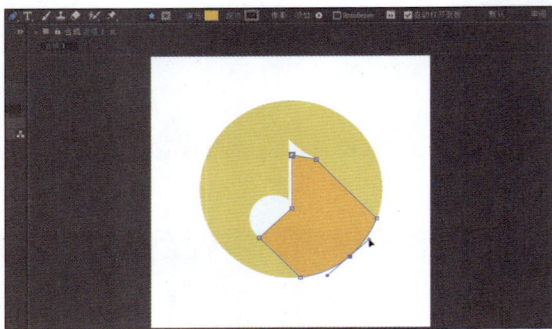

图4-14

（5）在"时间轴"面板中，将"形状图层3"拖曳到"形状图层2"的下方，完成本案例的制作，如图4-15所示。

图4-15

💡 **提示与技巧**

在After Effects中，使用形状工具（如矩形工具、椭圆工具等）绘制形状后，在工具栏中单击"填充"，打开"填充选项"对话框，可以在该对话框中设置形状的填充方式为"无""纯色""线性渐变"或"径向渐变"，如图4-16所示；单击"描边"，打开"描边选项"对话框，可以在该对话框中设置形状的描边方式为"无""纯色""线性渐变"或"径向渐变"，如图4-17所示。

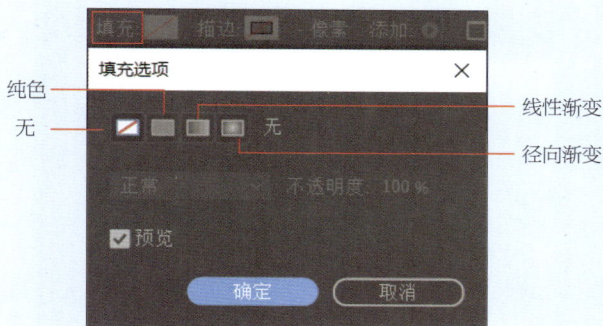

图4-16

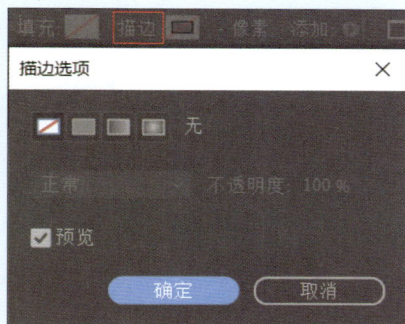

图4-17

课堂讨论

探讨在视频中添加图标的精妙之处，并分享一些实用案例与创意灵感。

4.2　蒙版

蒙版用于精确控制图层的部分显示或隐藏。这种控制能力使蒙版在视频后期制作和动画制作中不可或缺，常用于抠像、图像合成、文字动画及视频特效制作等。

在After Effects中，蒙版是路径或轮廓，它依附于图层并作为图层的属性存在，而非独立的图层。通过蒙版，用户能够实现对图层部分元素显示与隐藏的控制。具体而言，蒙版图形以内的画面内容显示，而蒙版外部的画面内容被隐藏。此外，蒙版还允许用户通过调整其"羽化"或"不透明度"属性来创建渐变的显示效果，从而实现更加细腻和自然的过渡。

4.2.1　创建蒙版的方法

创建蒙版时，首先需要确定要在哪个图层上创建蒙版，并决定使用哪种蒙版工具进行绘制。在"时间轴"面板中，选中想要添加蒙版的图层，然后使用蒙版工具创建蒙版。在After Effects中，蒙版工具主要包括一系列能够直接创建蒙版形状的工具，如矩形工具、圆角矩形工具、椭圆工具、多边形工具、星形工具以及钢笔工具，用户可使用这些工具直接在图层上绘制出所需的蒙版形状，以控制图层的显示区域。通过调整形状工具的参数和属性，用户可以精确地控制蒙版的形状、大小、位置以及不透明度等，从而实现对图层内容的精细控制。

例如，在"项目"面板中导入素材（素材文件\第4章\洗衣机.jpg），将"洗衣机.jpg"拖曳到"时间轴"面板中，如图4-18所示。在"时间轴"面板中选中"洗衣机.jpg"图层，选择钢笔工具，在"合成"面板中沿洗衣机的边缘绘制路径，闭合路径后，出现蒙版效果，路径以外的部分不显示，只显示路径以内的部分，如图4-19所示。

提示与技巧

在After Effects中，蒙版与形状是有区别的。创建形状时，要求不选中图层，使用形状工具和钢笔工具进行绘制，绘制的形状是独立的图层；创建蒙版时，需要先选中图层，使用形状工具和钢笔工具进行绘制，蒙版只能依附于图层并作为图层的属性存在，并非独立的图层。

图4-18

图4-19

4.2.2 设置蒙版属性

为图层创建蒙版后，在"时间轴"面板中单击该素材图层色彩标签左侧的小三角形按钮，显示"蒙版"选项，单击"蒙版"左侧的小三角形按钮，即可显示为该图层添加的蒙版。在"合成"面板中绘制蒙版后，会按照蒙版绘制顺序自动生成蒙版序号，如"蒙版1"。单击"蒙版1"左侧的小三角形按钮，显示蒙版属性，如图4-20所示。

模式：单击"模式"下拉按钮，在下拉列表中选择合适的混合模式,包括"相加""相减""交集""变亮""变暗""差值"等。

反转：勾选此复选框可反转蒙版效果，即蒙版图形以内的画面内容被隐藏，而蒙版外部的画面内容显示。

蒙版路径：单击"蒙版路径"右侧的"形状"，在弹出的"蒙版形状"对话框中可设置蒙版界定框的形状。

　　蒙版羽化： 用于设置蒙版边缘的柔和程度。

　　蒙版不透明度： 用于设置蒙版图像的不透明度。

　　蒙版扩展： 用于控制蒙版边缘的扩展与收缩。

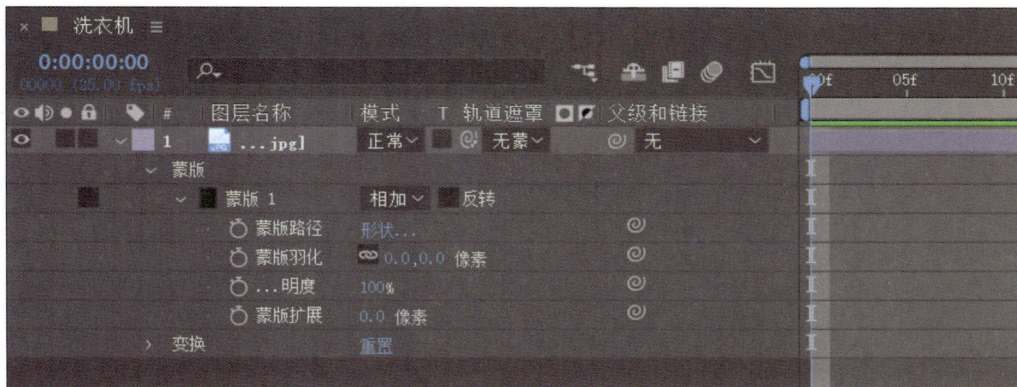

图4-20

> 💡 **提示与技巧**
>
> 　　在 After Effects 中，图层支持添加多个蒙版，利用蒙版运算技术可实现复杂的视觉效果。

4.2.3　课堂案例——使用蒙版制作图像合成

　　本例将使用钢笔工具和椭圆工具来创建蒙版效果，进而合成一张摄影公开课海报。另外本例将详细讲解蒙版的应用技巧以及蒙版运算，具体操作步骤如下。

　　（1）新建项目，在菜单栏中选择"文件">"导入">"文件"命令，将素材"摄影公开课.psd"（素材文件\第4章\使用蒙版制作图像合成）导入"项目"面板，该文件是PSD分层图像。导入时在弹出的对话框中设置"导入种类"为"合成"，"图层选项"选择"可编辑的图层样式"，单击"确定"按钮，如图4-21所示。

4-2　使用蒙版制作图像合成

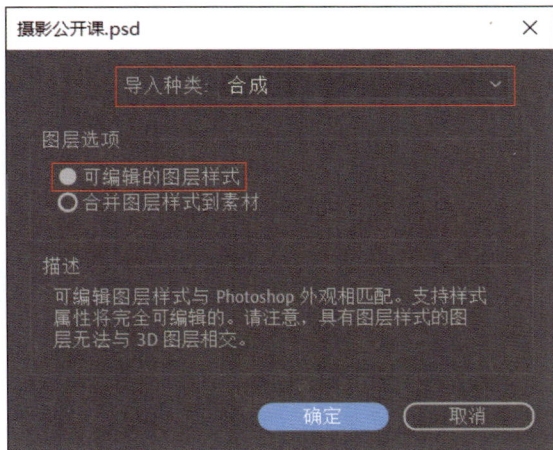

图4-21

（2）在"项目"面板中双击"摄影公开课"合成，"时间轴"面板中将显示该合成包含的图层，如图4-22所示。

图4-22

（3）在菜单栏中选择"文件">"导入">"文件"命令，将素材"人物.jpg"（素材文件\第4章\使用蒙版制作图像合成）导入"项目"面板，将其拖曳至"时间轴"面板中"形状1"图层的下方，如图4-23所示。

（4）在"时间轴"面板中选中"人物.jpg"图层，选择钢笔工具，在人物头发边缘处绘制路径以创建蒙版，该图层的下方显示"蒙版1"，设置蒙版的混合模式为"相加"，如图4-24所示。选中"人物.jpg"图层，选择椭圆工具，在人物中心位置拖曳创建一个椭圆，设置蒙版的混合模式为"相加"，如图4-25所示。

图4-23

图4-24

图4-25

（5）在"时间轴"面板中选中"人物.jpg"图层，在菜单栏中选择"图层">"图层样式">"描边"命令。展开"描边"属性，设置"颜色"为白色（色值为"R：255，G：255，B：255"），"大小"为"18.0"，"位置"为"外部"，如图4-26所示，效果如图4-27所示。

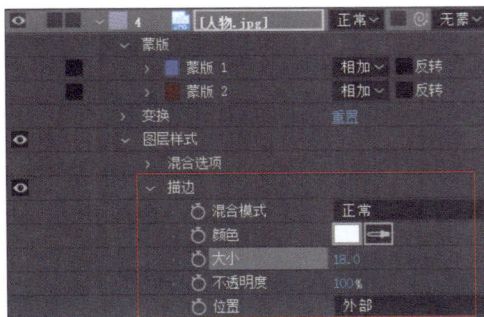

图4-26

图4-27

4.3 轨道遮罩

轨道遮罩与蒙版在图像处理中都扮演着控制图像显示区域的角色，但它们并非同一概念，轨道遮罩有其独特的应用方式和效果。轨道遮罩通常由两个图层组成：一个是遮罩层，另一个是被遮罩层。遮罩层的形状以及不透明度决定了被遮罩层中哪些部分可见，哪些部分被遮挡。遮罩层的形式很多，如形状、图片和文字等。

4.3.1 使用轨道遮罩设计图形

在"项目"面板中导入素材（素材文件\第4章\花纹.png），将"花纹.png"拖曳到"时间轴"面板中，选择椭圆工具，在"合成"面板中按住"Shift"键拖曳以绘制圆形，如图4-28所示。如果希望"花纹.png"这个图层在这个圆形范围内显示，就需要将圆形作为它的遮罩。在"时间轴"面板中，在"花纹"图层右侧的"轨道遮罩"下拉列表中选择"形状图层1"选项，此时花纹只在圆形区域显示，"形状图层1"作为轨道遮罩，本身会被隐藏，如图4-29所示。

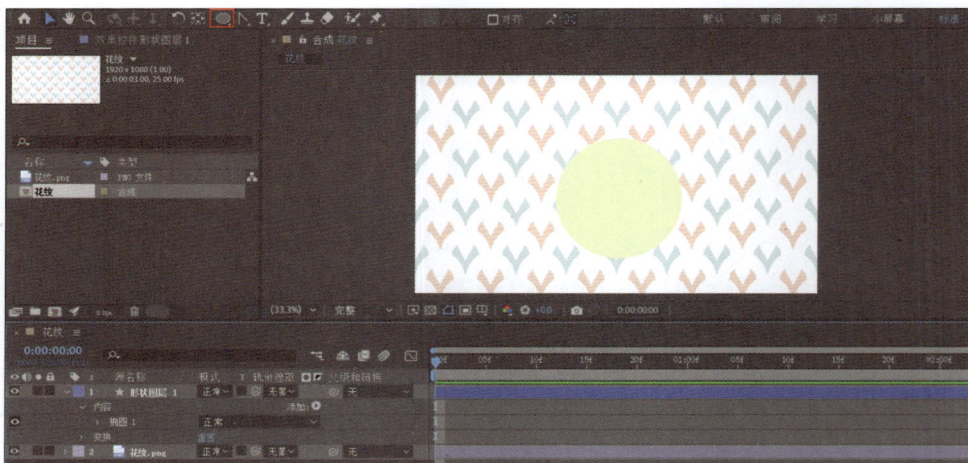

图4-28

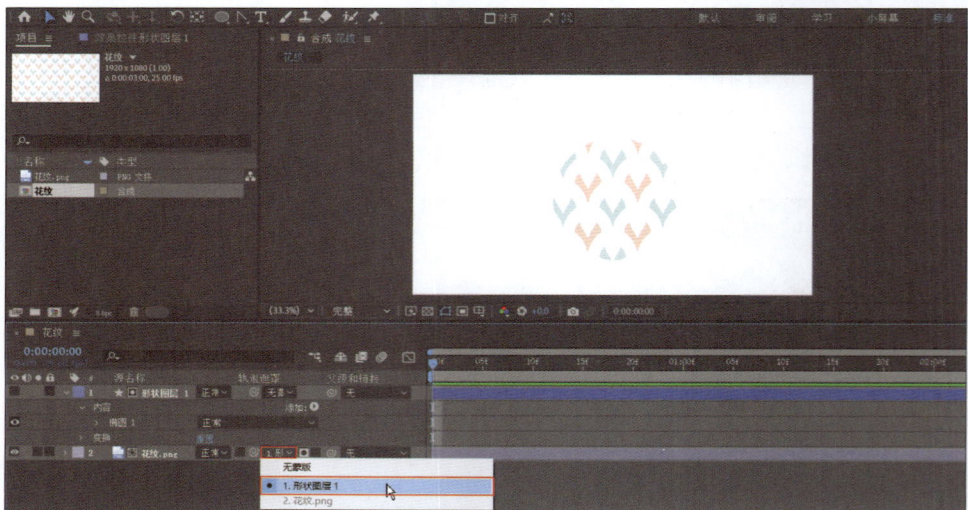

图4-29

将"形状图层1"显示并移动到"花纹.png"图层的下方，效果如图4-30所示。

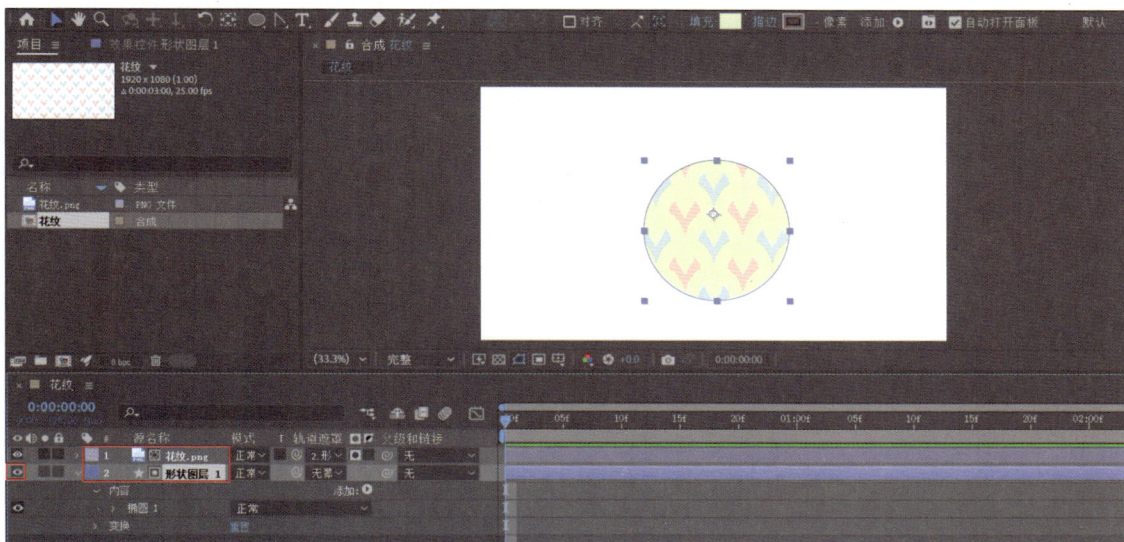

图4-30

Alpha遮罩与亮度遮罩： Alpha遮罩根据遮罩层的Alpha通道来决定被遮罩层像素的不透明度，亮度遮罩根据遮罩层的亮度信息来决定被遮罩层像素的不透明度。

Alpha遮罩与亮度遮罩的切换方法：制作图层遮罩时默认为Alpha遮罩，如图4-31所示，单击 按钮切换为亮度遮罩，此时该按钮显示为，如图4-32所示。

图4-31

图4-32

反转遮罩： 在After Effects中，遮罩通常用于控制图层的显示区域，而反转遮罩则可以实现相反的效果。设置反转遮罩的方法如图4-33所示。

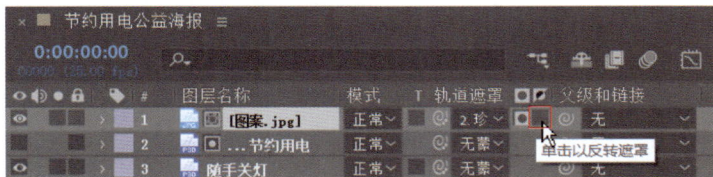

图4-33

> 💡 **提示与技巧**
>
> 在After Effects中，如果"时间轴"面板未显示"轨道遮罩"选项，可通过单击该面板下方的"展开或折叠'转换控制'窗格"按钮 来使其显示。

4.3.2 遮罩的变换

在After Effects中，使用选取工具 选中遮罩层，在遮罩边缘线上双击，会显示一个遮罩调节框。将鼠标指针移到调节框中间的锚点上，拖曳可以调整边框大小，如图4-34所示；将鼠标指针移到调节框四角的锚点上，按住"Shift"键拖曳可以等比例缩放遮罩，如图4-35所示；将鼠标指针移到调节框四角的锚点附近，鼠标指针呈 形状，拖曳可以对遮罩进行旋转，如图4-36所示；将鼠标指针移到调节框内，拖曳可以移动遮罩，如图4-37所示。

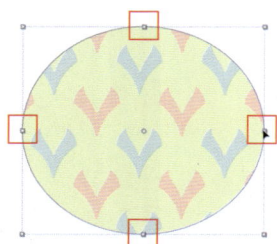
图4-34

图4-35

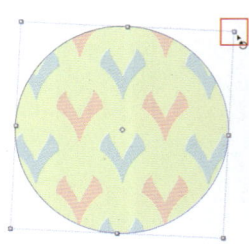
图4-36

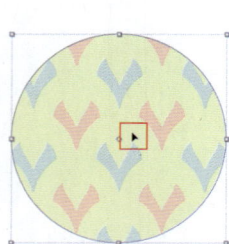
图4-37

4.3.3　课堂案例——制作文字遮罩

本案例将为图案素材制作文字遮罩，创造出独特的文字效果，具体操作步骤如下。

（1）新建项目，导入素材"节约用电公益海报.psd"（素材文件\第4章\制作文字遮罩），该文件是PSD分层文件。导入时，在弹出的对话框中设置"导入种类"为"合成"，"图层选项"选择"可编辑的图层样式"，单击"确定"按钮，如图4-38所示。

（2）在"项目"面板中，双击"节约用电公益海报"合成，"时间轴"面板中将显示该合成包含的图层，如图4-39所示。

4-3　制作文字遮罩

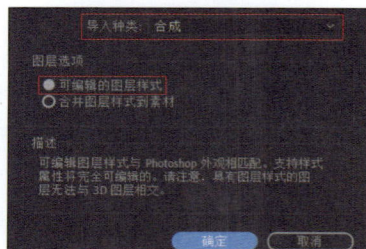
图4-38

图4-39

（3）导入素材"图案.jpg"（素材文件\第4章\制作文字遮罩），并将其拖曳到"时间轴"面板中"珍惜能源节约用电"图层的上方，如图4-40所示。

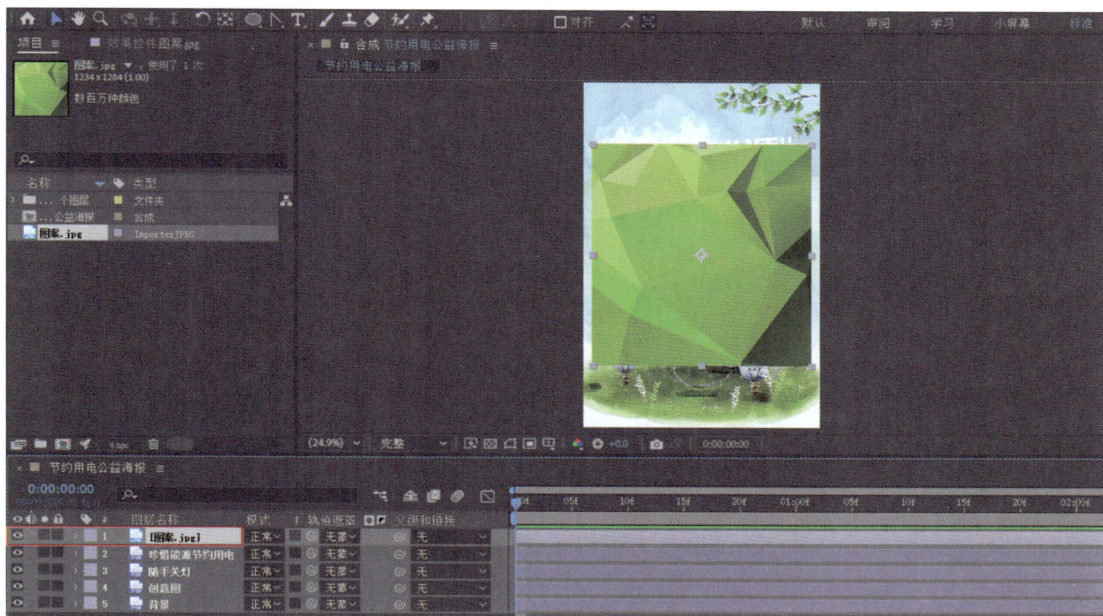

图4-40

（4）在"时间轴"面板中，在"图案.jpg"图层右侧的"轨道遮罩"下拉列表中选择"珍惜能源节约用电"选项，如图4-41所示。

图4-41

（5）选中"图案.jpg"图层，在"合成"面板中将鼠标指针移至调节框内，拖曳以移动图案至合适位置，如图4-42所示，完成本案例的制作。

图4-42

课堂讨论

探讨形状图层、蒙版和轨道遮罩之间的差异，并分享一些实际应用中的精彩案例。

4.4　文本

在视频中，文本是重要的元素，它不仅可以用于提供信息，还可以起到美化版面的作用，使传达的内容更加直观、深刻。After Effects有着非常强大的文字创建和编辑功能，本节主要讲解创建文本、编辑文本以及制作路径文字的方法。

4.4.1　创建文本

After Effects中创建文本的常用方式有两种，分别是利用文本图层创建和利用文字工具创建。

1. 利用文本图层创建

在"时间轴"面板的空白处单击鼠标右键，在弹出的快捷菜单中选择"新建"＞"文本"命令，如图4-43所示。"合成"面板中会出现光标符号，此时输入文字即可，如图4-44所示。

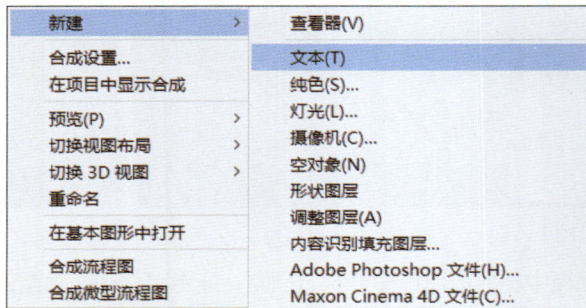

图4-43

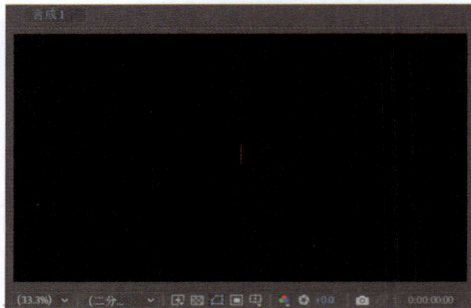

图4-44

2. 利用文字工具创建

（1）创建横排文字。在工具栏中选择横排文字工具**T**，在"合成"面板中单击，会出现光标符号，输入文字，如图4-45所示。

（2）创建竖排文字。在工具栏中打开文字工具组，选择直排文字工具**IT**，在"合成"面板中单击，会出现光标符号，输入文字，如图4-46所示。

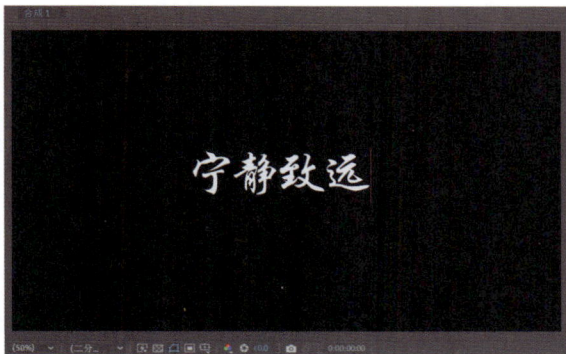

图4-45

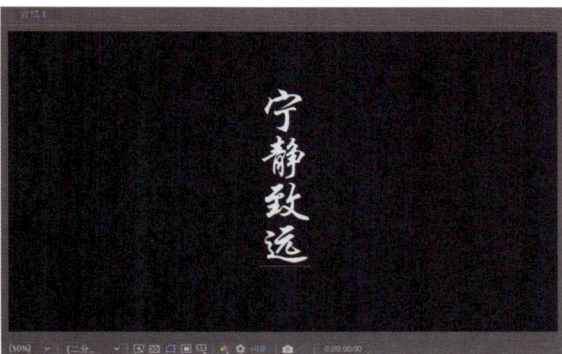

图4-46

（3）创建段落文字。在工具栏中选择横排文字工具**T**，在"合成"面板中拖曳以创建一个文本框，框内出现光标符号，输入文字，文字在文本框内呈横向排列，如图4-47所示，拖动文本框的控制点，可以调整文字区域大小。选择直排文字工具**IT**，创建文本框，输入文字，文字在文本框内呈竖向排列，如图4-48所示。

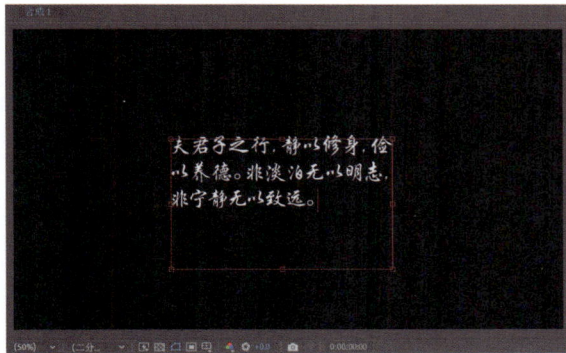

图4-47

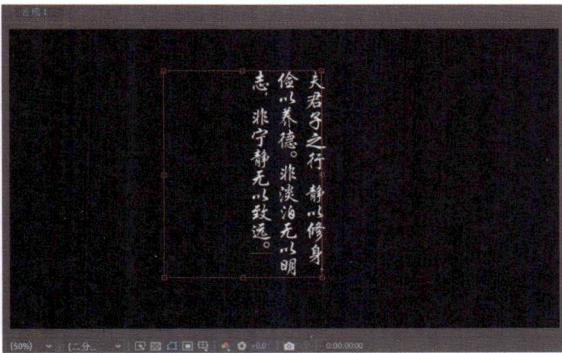

图4-48

💡 **提示与技巧**

使用横排文字工具或直排文字工具直接单击以输入文字时，文字会始终沿横向（行）或纵向（列）排列，如果输入的文字过多就会超出显示区域，这时需要手动按"Enter"键才能换行（列），这种输入方式常用于较短文字的输入，如标题类文字。拖曳出文本框输入段落文字时，可自动换行（列），文字区域的大小可调整，常用于文字较多的场合，如描述类文字。

4.4.2 编辑文本

在After Effects中创建文本后，可以通过"字符"面板和"段落"面板修改文字效果。

1. "字符"面板

创建文字后，可以在"字符"面板中对文字的字体系列、字体样式、填充颜色、描边颜色、字体大小等文字属性进行设置。"字符"面板如图4-49所示。

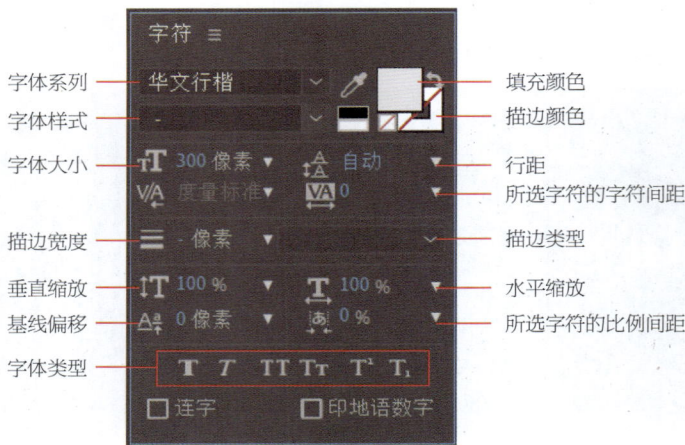

图4-49

2. "段落"面板

在"段落"面板中可以设置文本对齐方式和缩进，共7种文本对齐方式，从左到右依次是左对齐文本、居中对齐文本、右对齐文本、最后一行居左对齐、最后一行居中对齐、最后一行居右对齐和两端对齐；3种段落缩进方式，分别是缩进左边距、缩进右边距和首行缩进；此外还包括两种设置边距方式，分别是段前添加空格和段后添加空格，"段落"面板如图4-50所示。

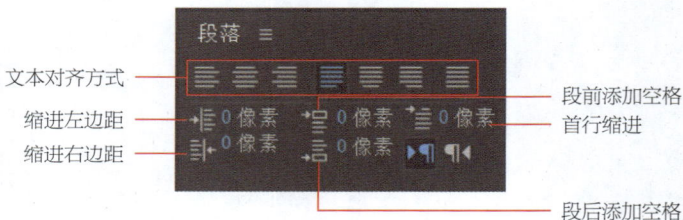

图4-50

4.4.3 课堂案例——制作路径文字

在创建文本图层后，可以为文本图层添加路径，使该图层内的文字沿路径排列，从而产生路径文字效果。

（1）单击菜单栏"文件">"打开项目"命令，打开"制作路径文字.aep"文件（素材文件\第4章）。在"时间轴"面板中选中文本图层，在"合成"面板中使用钢笔工具 绘制曲线路径，如图4-51所示。

（2）在"时间轴"面板中，依次展开"文本">"路径选项"，将"路径"设置为"蒙版 1"，此时在"合成"面板中可以看到文字已沿路径排列，如图4-52所示。

4-4 制作路径文字

🗒 课堂讨论

分享实战案例，深入剖析文案中的语言艺术与排版布局技巧，提升文案策划与编辑的综合能力。

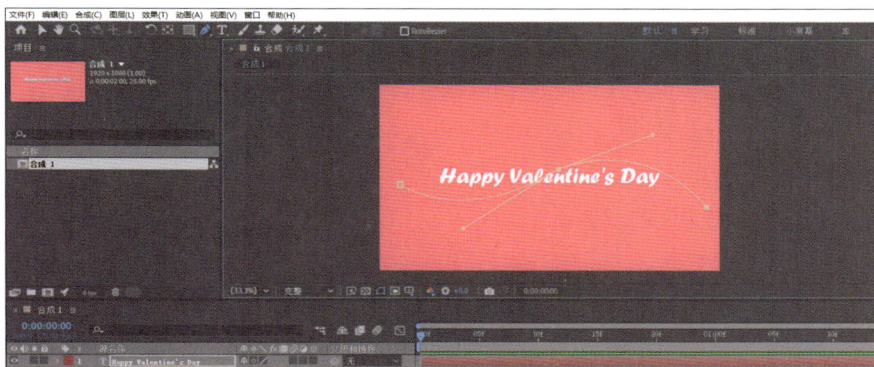

图4-51

图4-52

为文本图层添加路径后，可以在"时间轴"面板中设置路径的相关参数来调整文本状态，其中包括"路径选项"和"更多选项"。

"路径选项"中的参数如下。

反转路径： 使路径上的文字方向反转。设置"反转路径"为"关"和"开"的对比效果如图4-53所示。

垂直于路径： 使文字垂直于路径。设置"垂直于路径"为"关"和"开"的对比效果如图4-54所示。

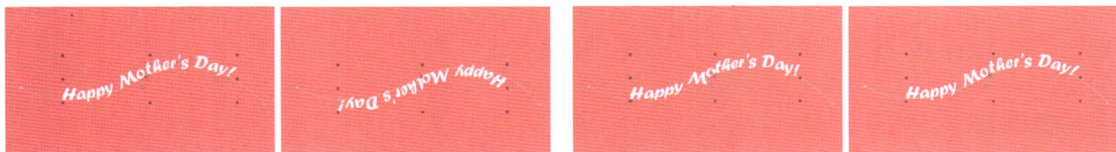

| 反转路径：关 | 反转路径：开 | 垂直于路径：关 | 垂直于路径：开 |

图4-53　　　　　　　　　　　　　　　　　　图4-54

强制对齐： 强制文字在路径上两端对齐。设置"强制对齐"为"关"和"开"的对比效果如图4-55所示。

首字边距： 控制路径起点文字的边距大小。设置"首字边距"为"-150.0"和"150.0"的对比效果如图4-56所示。

| 强制对齐：关 | 强制对齐：开 | 首字边距：-150.0 | 首字边距：150.0 |

图4-55　　　　　　　　　　　　　　　　　　图4-56

末字边距： 控制路径终点文字的边距大小。

"更多选项"中的参数如下。

锚点分组： 对文字锚点进行分组。

分组对齐： 设置锚点分组对齐的程度。

填充和描边： 设置文本填充和描边的次序。

字符间混合： 设置字符之间的混合模式。

4.5　思考与练习

一、单选题

1. 在 After Effects 中，若要创建一个圆角矩形，应使用（　　）工具。
   A. 矩形工具　　　　　　　　　　B. 圆角矩形工具
   C. 椭圆工具　　　　　　　　　　D. 多边形工具
2. 使用蒙版的（　　）属性可以反转一个蒙版的效果，即显示蒙版外的区域而隐藏蒙版内的区域。
   A. 蒙版扩展　　　　　　　　　　B. 反转
   C. 蒙版路径　　　　　　　　　　D. 蒙版羽化
3. 在 After Effects 中，通过（　　）为图层添加轨道遮罩。
   A. "项目"面板　　　　　　　　　B. "合成"面板
   C. "时间轴"面板　　　　　　　　D. "效果控件"面板

二、判断题

1. 在 After Effects 中，蒙版只能依附于图层并作为图层的属性存在，并非一个独立的图层。（　　）
2. 在 After Effects 中，轨道遮罩通常由两个图层组成：一个是遮罩层，另一个是被遮罩层。（　　）
3. 在 After Effects 中，创建文本图层后，可以为文本图层添加路径，使该图层内的文字沿路径排列，从而产生路径文字效果。（　　）

三、操作题

1. 为素材文件"冰饮.jpg"（素材文件\第4章\思考与练习）创建蒙版，只显示冰饮的图像。
2. 利用素材文件"风景.jpg"和"文案.txt"（素材文件\第4章\思考与练习）制作立夏海报。

4.6　项目实训：制作电子相册

【实训目标】

通过本实训熟练掌握形状、蒙版、轨道遮罩与文本的具体应用。

【实训步骤】

本实训运用蒙版和轨道遮罩技术，将人物照片创意性地嵌入设计的形状（如矩形、圆形等）之中，这样不仅确定了视觉焦点，更增添了趣味与艺术性。此外，还融入文案叙述，并绘制圆形、矩形及线条元素，丰富画面内容，实训效果如图4-57所示。下面介绍一下具体的操作步骤。

图4-57

（1）新建项目，在"项目"面板中单击鼠标右键，选择"新建合成"命令，在弹出的"合成设置"对话框中设置"合成名称"为"合成1"，"宽度"为1920像素，"高度"为1080像素，"像素长宽比"为"方形像素"，"帧速率"为25帧/秒，"持续时间"为0:00:03:00，"背景颜色"为白色，单击"确定"按钮，创建合成。

（2）将素材文件"人物1.jpg""人物2.jpg"（素材文件\第4章\制作电子相册）导入"项目"面板中，如图4-58所示。

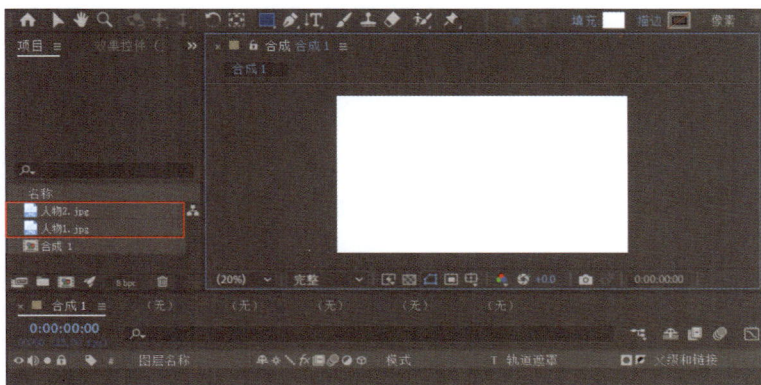

图4-58

（3）选择矩形工具■，设置"填充"为蓝色（色值为"R：153，G：200，B：222"），"描边"为"无"，在画面的右侧绘制一个矩形，得到"形状图层1"，如图4-59所示。选择该矩形，按"Ctrl+D"组合键复制，得到"形状图层2"，在右侧的"属性"面板中设置"形状变换"中的"比例"为"97%，97%"，如图4-60所示。使用选取工具▶将"人物1.jpg"拖曳到"时间轴"面板中，在该图层右侧的"轨道遮罩"下拉列表中选择"形状图层2"选项，在右侧的"属性"面板中设置"缩放"为"83%，83%"，并移动遮罩到合适位置，如图4-61所示。

图4-59

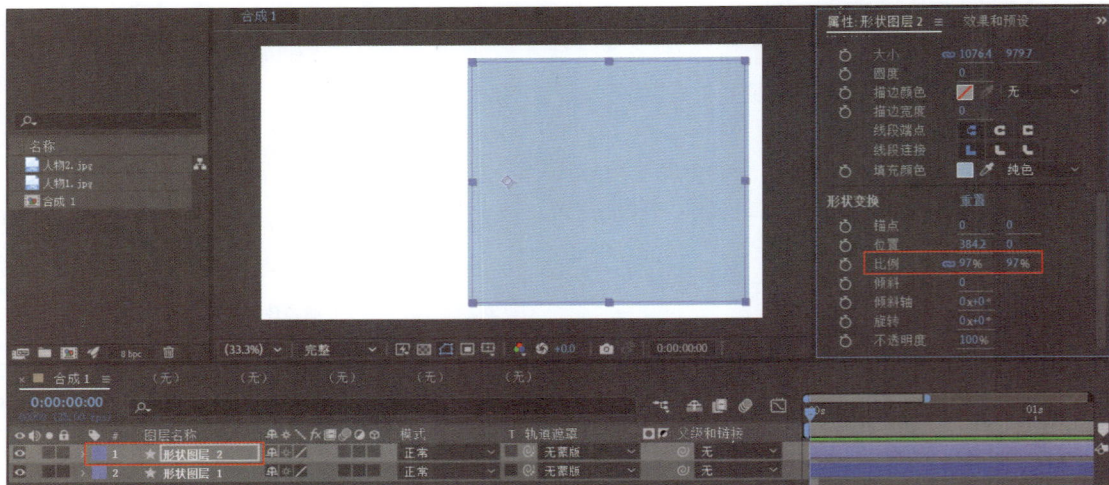

图4-60

图4-61

（4）选择椭圆工具 ◯，设置"填充"为浅蓝色（色值为"R：199，G：230，B：232"），"描边"为"无"，按住"Shift"键在画面的左侧拖曳以绘制圆形，如图4-62所示。将"人物2.jpg"拖曳到"时间轴"面板中，选中该图层，选择椭圆工具 ◯，按住"Shift"键拖曳以绘制圆形，创建蒙版，在"属性"面板中调整"缩放"的大小，在遮罩边缘线上双击，显示遮罩调节框，将鼠标指针移至调节框内，拖曳移动遮罩至合适位置，如图4-63所示。同时选中"人物2.jpg"图层和"形状图层3"，在"对齐"面板中单击"水平对齐"按钮 ■ 和"垂直对齐"按钮 ■，如图4-64所示。

（5）选择椭圆工具，按住"Shift"键拖曳以绘制圆形，再按3次"Ctrl+D"组合键复制出3个圆形，调整这些圆形的大小、颜色和位置，丰富画面效果，如图4-65所示。

（6）选择直排文字工具 ▥，在"合成"面板中单击，输入文字"时"；在"字符"面板中设置"字体"为"方正正纤黑简体"，"字体大小"为"55像素"，"填充"为黑色（色值为"R：30，G：30，B：30"），"描边"为"无"，"字符间距"为0，如图4-66所示。按"Ctrl+D"组合键复制"时"文字，将文字替换为"光"，设置"字体大小"为"50像素"，效果如图4-67所示；按"Ctrl+D"组合键复制"光"文字，将文字替换为"正好"，设置"字体大小"为45像素，效果如图4-68所示。

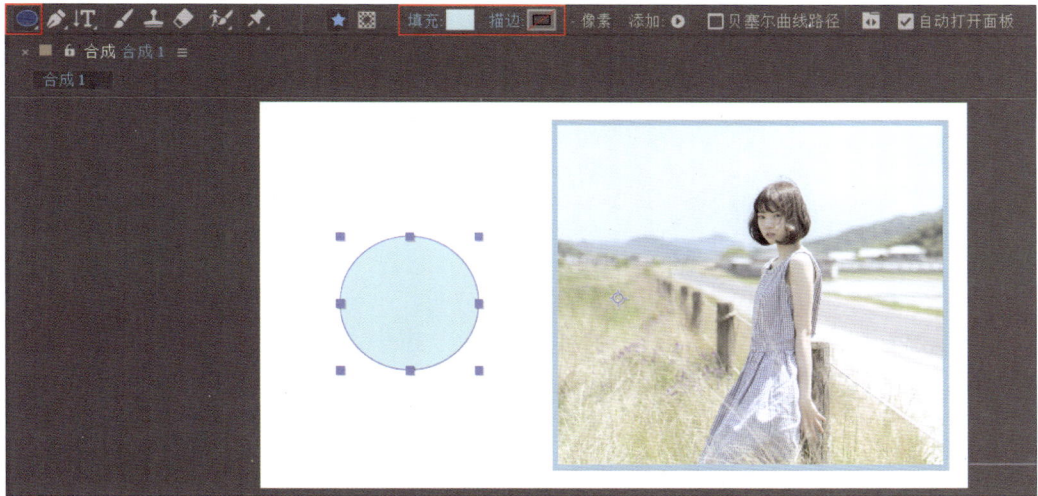

图4-62

图4-63

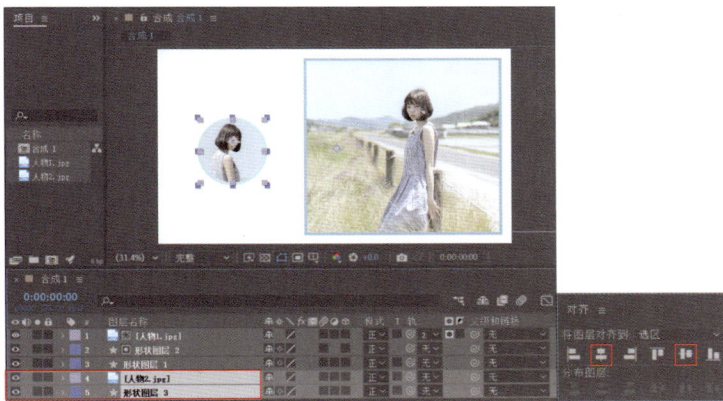

图4-64

图4-65

| 图4-66 | 图4-67 | 图4-68 |

（7）选择直排文字工具，在"合成"面板中单击，输入"The time is just right"；在"字符"面板中设置"字体"为"方正正纤黑简体"，"字体大小"为"11像素"，"填充"为黑色（色值为"R：30，G：30，B：30"），"描边"为"无"，"字符间距"为25，如图4-69所示。

（8）选择钢笔工具，设置"填充"为"无"，"描边"为黑色（色值为"R：30，G：30，B：30"），"描边粗细"为"1像素"，再按两次"Ctrl+D"组合键复制出两条斜线，调整斜线的位置，如图4-70所示。

（9）选择横排文字工具，以创建段落文字的方式输入一段描述性文案；在"字符"面板中，设置"字体"为"微软雅黑"，"字体大小"为"14像素"，"填充"为黑色（色值为"R：30，G：30，B：30"），"描边"为"无"，"行距"为"24像素"，在"段落"面板中单击"最后一行左对齐"按钮，如图4-71所示。

| 图4-69 | 图4-70 |

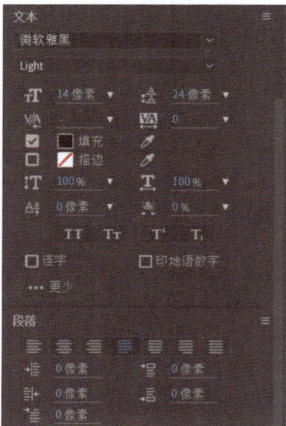

图4-71

第 **5** 章

动画制作

本章导读

在After Effects中，可以为图层添加关键帧动画，使其产生动画效果。同时，对已应用到图层上的各类效果，也可以设置关键帧动画，以实现效果的动态变化。此外，利用动画预设和过渡效果，可以进一步丰富和制作动画。本章主要介绍关键帧的创建及编辑，以及动画预设和过渡效果的使用。

学习目标

- 了解关键帧动画
- 了解图层的5个基本变换属性
- 掌握关键帧动画的创建
- 掌握关键帧动画的编辑
- 掌握动画预设和过渡效果的使用方法

5.1 关键帧动画

关键帧是动画制作的核心要素之一，通过在时间轴上为特定的属性设置关键帧，可以控制图层在不同时间点上的状态变化，从而形成动态的视觉效果。

5.1.1 关键帧的概念

关键帧是指在动画中具有特殊意义或者发生变化的帧，它们可以表示物体位置、大小、旋转、不透明度等属性的变化。通过在时间轴上设置关键帧，可以定义图层在不同时间点的属性值，从而生成动态的视觉效果。

在After Effects中，除了单独的音频图层外，各类型的图层至少有5个"变换属性"，分别是"锚点""位置""缩放""旋转""不透明度"。在"时间轴"面板中单击图层色彩标签左侧的小三角形按钮，显示"变换"，单击其左侧的小三角形按钮，即可显示图层的变换属性，如图5-1所示。

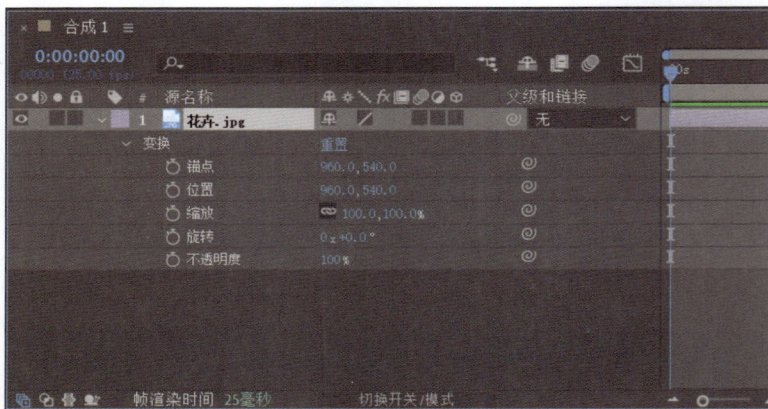

图5-1

1."锚点"属性

锚点是图层的中心点，所有变换操作（如旋转、缩放）都会围绕这个点进行。调整锚点的位置可以改变变换操作的基点，从而改变图层变换的效果。

2."位置"属性

"位置"属性决定了图层在"合成"面板中的具体位置，可分别控制图层在水平方向（X轴）和垂直方向上（Y轴）的位置。对于三维图层，还能控制图层在深度方向（Z轴）的位置。

3."缩放"属性

"缩放"属性用于调整图层的大小。通过调整缩放比例，可以使图层在保持原有比例的情况下放大或缩小，也可以分别调整图层的宽度和高度以实现非等比例缩放。

4."旋转"属性

"旋转"属性用于调整图层的旋转角度。旋转操作围绕锚点进行。在二维图层中，旋转是围绕Z轴的二维旋转；而在三维图层中，还可以进行围绕X轴和Y轴的旋转，以实现更复杂的空间变换。

5．"不透明度"属性

"不透明度"属性用于调整图层的可见程度。不透明度的范围通常在0%（完全透明）到100%（完全不透明）之间。通过调整"不透明度"属性，可以实现图层的淡入淡出效果或与其他图层进行叠加。

5.1.2　产生关键帧动画的条件

在After Effects中，要使静态的物体运动或者产生变化，可以为其添加关键帧。产生关键帧动画的条件如下。

① 在动画制作中，关键帧用于定义动画对象在不同时间点的状态或属性。至少需要两个关键帧来形成一个动画的起始和结束状态，或者任何两个不同时间点的状态变化。这两个关键帧之间的属性差异将被用来生成动画的过渡效果。

② 关键帧的属性值要有变化。仅仅有两个关键帧并不足以产生动画效果，这两个关键帧的属性值还必须有所不同，涉及包括"位置""旋转""缩放""颜色""不透明度"等任何可以影响动画对象外观或行为的属性。After Effects会根据这些属性值的变化，自动计算出中间帧的属性值，从而生成平滑的动画效果。

③ 关键帧在时间轴上需要有一定的间距。这是因为动画效果需要时间来展现，如果两个关键帧过于接近，动画效果可能会非常短暂甚至难以察觉。因此，在设置关键帧时，需要根据动画的需求和效果来合理安排它们的间距。

5.1.3　创建关键帧动画

在"时间轴"面板中，将时间指示器拖动至合适位置，然后单击"不透明度"前的"时间变化秒表"按钮，此时"时间轴"面板中的相应位置就会自动出现一个关键帧，如图5-2所示。

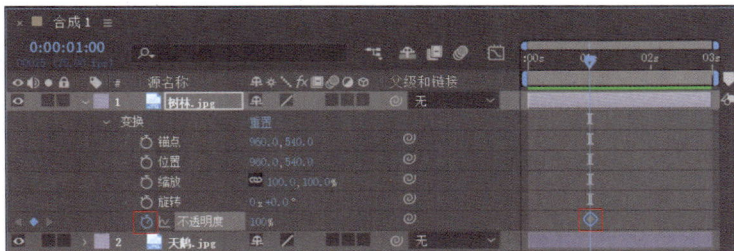

图5-2

再将时间指示器拖动至另一合适位置，设置"不透明度"属性，此时"时间轴"面板中的相应位置就会再次自动出现一个关键帧，如图5-3所示，进而使画面形成动画效果。

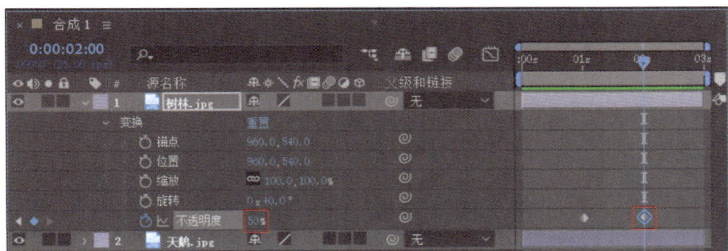

图5-3

5.1.4　关键帧的基本操作

在制作动画的过程中，掌握关键帧的应用就相当于掌握了动画制作的基础和关键。创建关键帧后，还可以通过一些关键帧的基本操作优化和调整关键帧，显著提升动画的流畅度与表现力。

1. 移动关键帧

移动单个关键帧。在"时间轴"面板中，将鼠标指针定位到需要移动的关键帧上，然后将其拖曳至合适的位置，释放鼠标左键，完成移动单个关键帧的操作，如图5-4所示。

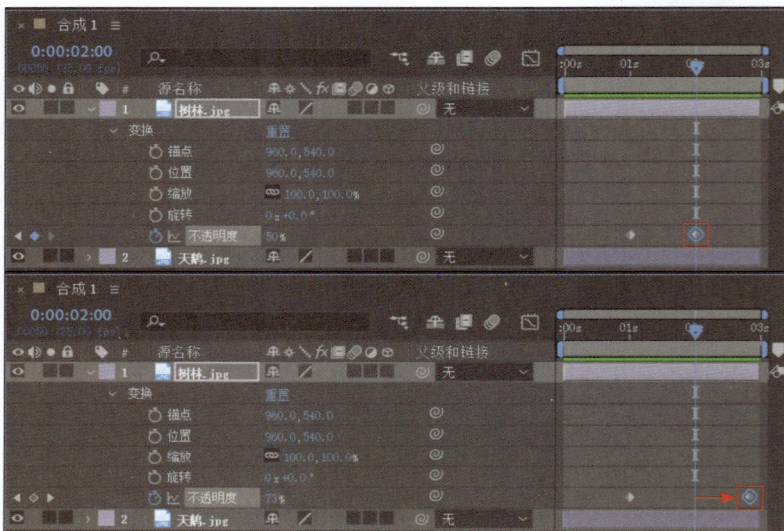

图5-4

移动多个关键帧。在"时间轴"面板中，拖曳框选关键帧，如图5-5所示。再将鼠标指针定位到任意一个选中的关键帧上，拖曳至合适的位置，释放鼠标左键，完成移动多个关键帧的操作。

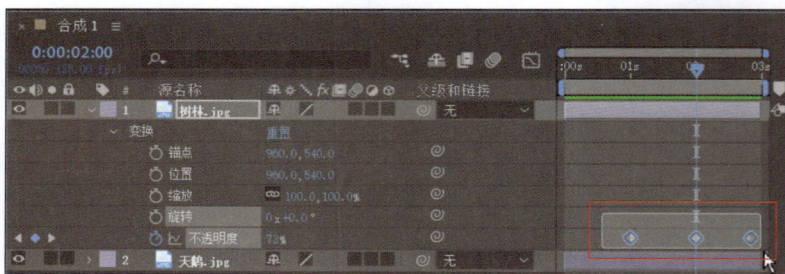

图5-5

当需要移动的关键帧不连续时，按住"Shift"键依次选中需要移动的关键帧。然后将鼠标指针定位到任意一个选中的关键帧上，拖曳至合适的位置，释放鼠标左键，完成移动多个关键帧的操作。

2. 复制关键帧

设置关键帧后，在"时间轴"面板中选中需要复制的关键帧，按"Ctrl+C"组合键复制；将时间指示器拖动至需要添加关键帧的位置，按"Ctrl+V"组合键粘贴，将时间指示器处便会相同关键帧。

在 After Effects中，不仅可以在同一图层的不同属性间复制关键帧，还支持跨图层操作，即可以将某一图层上的关键帧精确复制到另一图层上的相同或兼容的属性上，从而大大提高动画制作的效率。

3．删除关键帧

使用快捷键直接删除。设置关键帧后，在"时间轴"面板中，选中需要删除的关键帧，按"Delete"键即可删除当前选中的关键帧。

手动删除。在"时间轴"面板中，将时间指示器拖动至需要删除的关键帧处，然后单击属性前的"在当前时间添加或移除关键帧"按钮◆，即可删除当前时间点的关键帧，如图5-6所示。

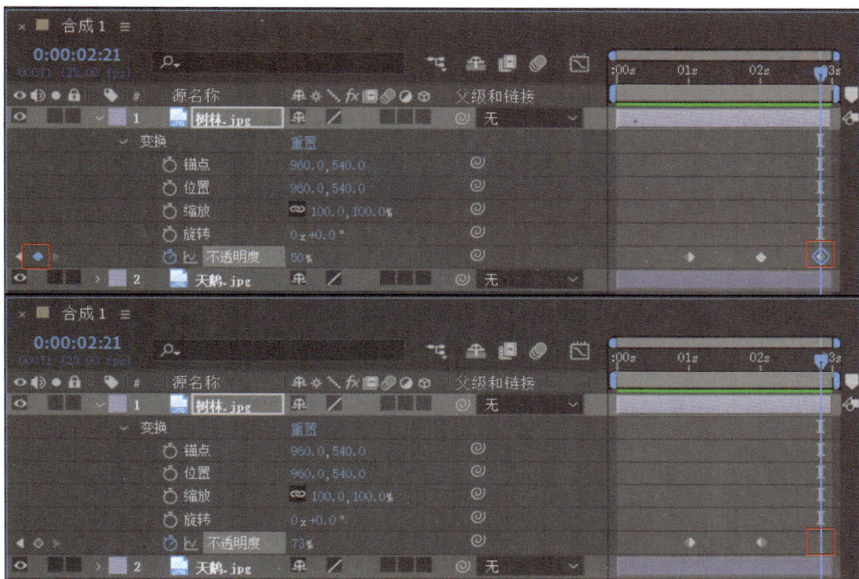

图5-6

讨论一下在After Effects中运用关键帧可以制作哪些动画。

5.1.5 关键帧的高级操作

1．线性关键帧

线性关键帧是After Effects中最基本、最简单的关键帧。两个线性关键帧之间的属性随时间变化呈现匀速运动，没有加速或减速的效果。

在"时间轴"面板中选择要添加关键帧的图层，选择想要动画化的属性，如位置、缩放、旋转等。将时间指示器拖曳到希望动画开始的时间点，在属性名称（如"位置"）左侧单击"时间变化秒表"按钮◉，在当前时间点创建关键帧，并且时间轴上会出现一个菱形图标◆（线性关键帧在时间轴上呈菱形），如图5-7所示。

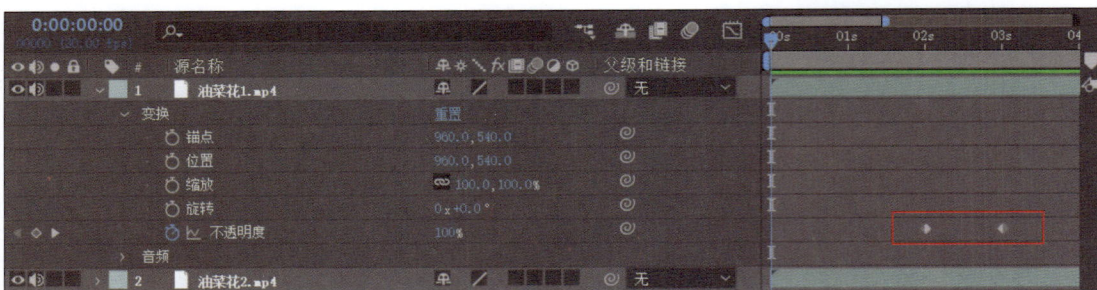

图5-7

2. 平滑关键帧

平滑关键帧用于调整动画曲线，使其更加平滑和可控，使动画看起来更加自然，在需要精细控制动画曲线变化的场景中非常有用。

在"时间轴"面板中，将鼠标指针移至要转换为平滑过渡的线性关键帧上，单击鼠标右键，在弹出的快捷菜单中选择"关键帧插值"命令，如图5-8所示。打开"关键帧插值"对话框，在该对话框中可选择多种插值方式，如"线性""贝塞尔曲线"等。为了实现平滑过渡，可以选择"贝塞尔曲线"选项，如图5-9所示，单击"确定"按钮，此时关键帧呈 形状，如图5-10所示。

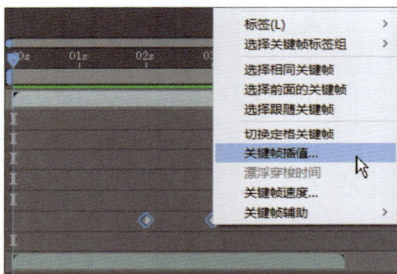

图5-8

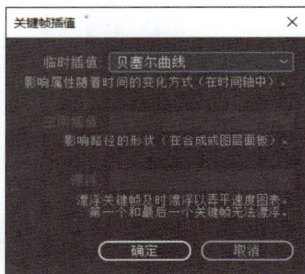

图5-9

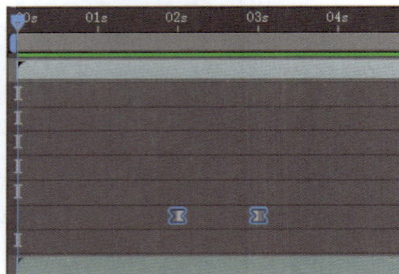

图5-10

3. 缓入、缓出与缓动关键帧

缓入关键帧使动画在开始阶段逐渐加速，直至达到最大速度，然后可能保持匀速或继续加速直到动画结束。这种关键帧可使动画的起始动作更加平滑、自然，避免了突兀的跳跃感，常用于表现物体从静止状态到运动状态的过渡。

缓出关键帧使动画在结束阶段逐渐减速，从最大速度平稳地过渡到静止状态。这种关键帧可使动画的收尾动作更加自然、流畅，避免了突然停止所带来的突兀感，常用于表现物体从运动状态到静止状态的过渡。

缓动关键帧是指缓入关键帧和缓出关键帧。通过调整动画的速度曲线来控制动画的加速和减速过程，从而实现更加自然和流畅的动画效果。

在"时间轴"面板中，将鼠标指针移至要转换的线性关键帧上，单击鼠标右键，在弹出的快捷菜单中选择"关键帧辅助"命令，可在子菜单中看到"缓入""缓出""缓动"命令，如图5-11所示。

缓入： 选择"缓入"命令，关键帧呈 形状，关键帧之间的过渡将呈现缓入的曲线效果，关键帧节点前的速度曲线起始阶段斜率较小，随后逐渐增大。播放动画，动画在进入该关键帧时速度逐渐减缓，消除因速度波动大而产生的画面不稳定感。

缓出： 选择"缓出"命令，关键帧呈 ◀ 形状，关键帧之间的过渡将呈现缓出的曲线效果，关键帧节点后的速度曲线起始阶段斜率较大，随后逐渐减小。播放动画，动画在离开该关键帧时速度逐渐减缓，消除因速度波动大而产生的画面不稳定感，与缓入是相同的道理。

缓动： 选择"缓动"命令，关键帧呈 ▶◀ 形状，关键帧之间的过渡将呈现平缓的曲线效果，关键帧节点前后的速度变化都将变得平滑。

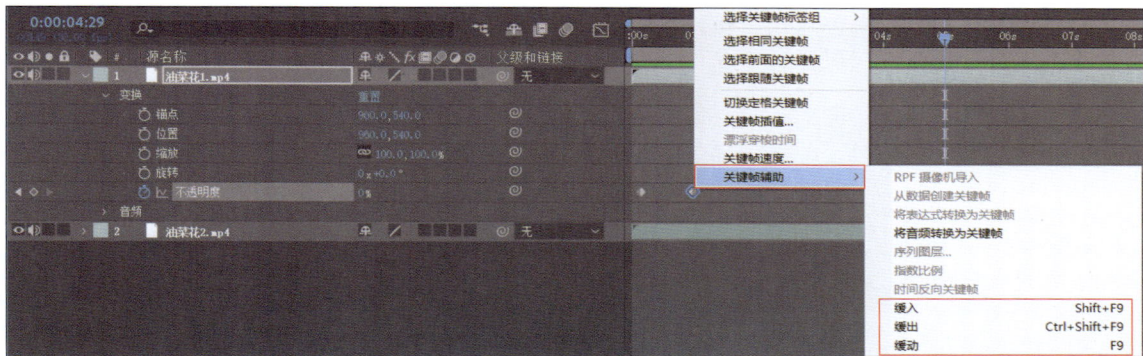

图5-11

4．切换定格关键帧

在"时间轴"面板中，将鼠标指针移至需要编辑的关键帧上，单击鼠标右键，在弹出的快捷菜单中选择"切换定格关键帧"命令，如图5-12所示，可将该关键帧切换为定格关键帧，如图5-13所示。

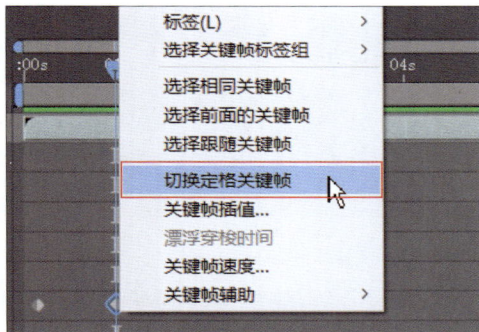

图5-12

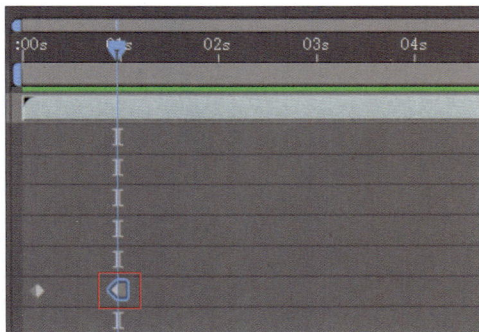

图5-13

5.1.6　课堂案例——制作图片平移动画

本案例主要展示应用关键帧制作图片平移动画，具体操作步骤如下。

（1）新建项目，在菜单栏中选择"文件">"导入">"文件"命令，将素材（素材文件\第5章\汽车）导入"项目"面板，该文件是PSD分层图像。导入时，在弹出的对话框中设置"导入种类"为"合成"，"图层选项"选择"可编辑的图层样式"，单击"确定"按钮，如图5-14所示。

5-1　制作图片
平移动画

（2）在"项目"面板中，设置"汽车"合成的"持续时间"为0:00:02:00，然后双击"汽车"合成，"时间轴"面板中将显示该合成包含的图层，如图5-15所示。

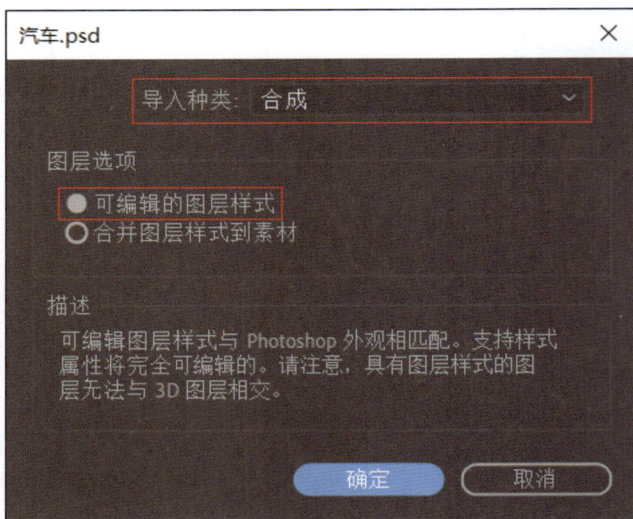

图5-14

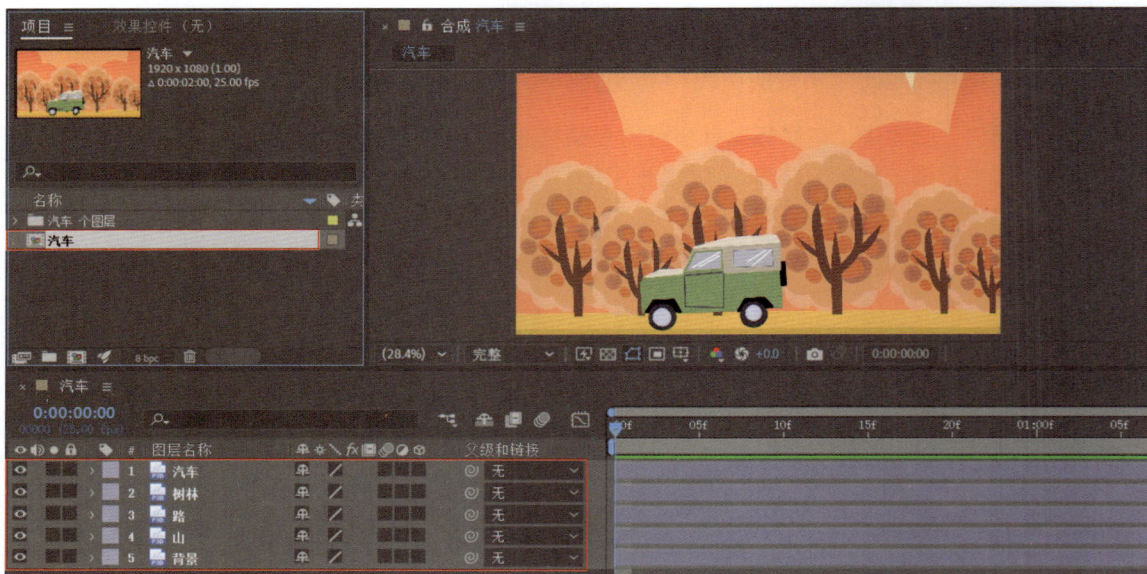

图5-15

（3）在"时间轴"面板中，展开"汽车"图层的"变换"属性，将时间指示器拖曳至起始位置，设置"位置"为"2200.0，540.0"，单击"位置"前的"时间变化秒表"按钮 ，添加一个关键帧，如图5-16所示。再将时间指示器拖曳至0:00:01:24，设置"位置"为"-126.0，540.0"，此时自动生成一个关键帧，如图5-17所示。按空格键播放，可以看到汽车的位置发生了变化，画面产生了动态效果。

（4）在"时间轴"面板中，展开"树林"图层的"变换"属性，将时间指示器拖曳至起始位置，单击"位置"前的"时间变化秒表"按钮 ，添加一个关键帧，如图5-18所示。将时间指示器拖曳至0:00:01:24，单击"位置"前的"在当前时间添加或删除关键帧"按钮 ，添加一个关键帧，如图5-19所示。再将时间指示器拖曳至0:00:01:00，设置"位置"为"960.0，560.0"，此时自动生成一个关键帧，如图5-20所示。按空格键播放，可以看到树林的位置发生了变化，画面产生了动态效果。

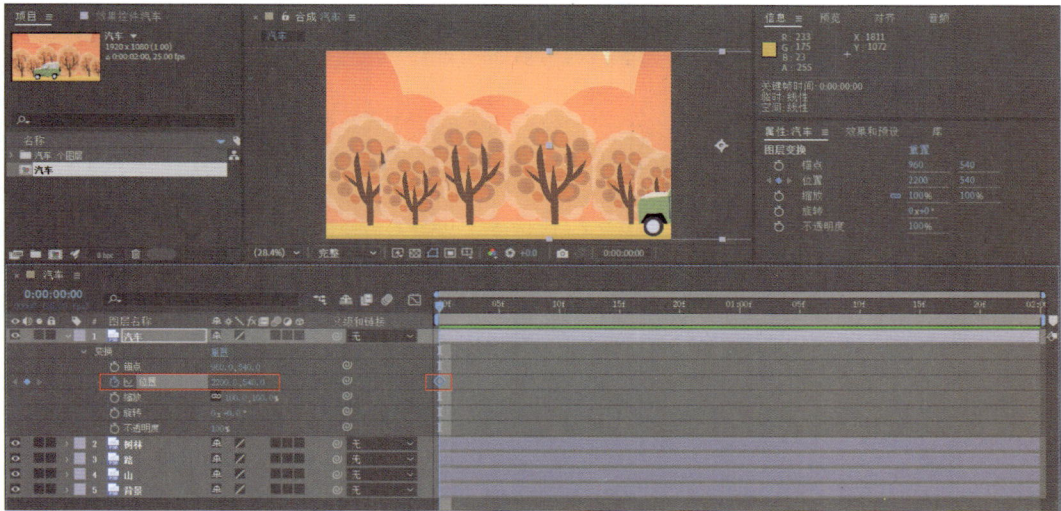

图5-16

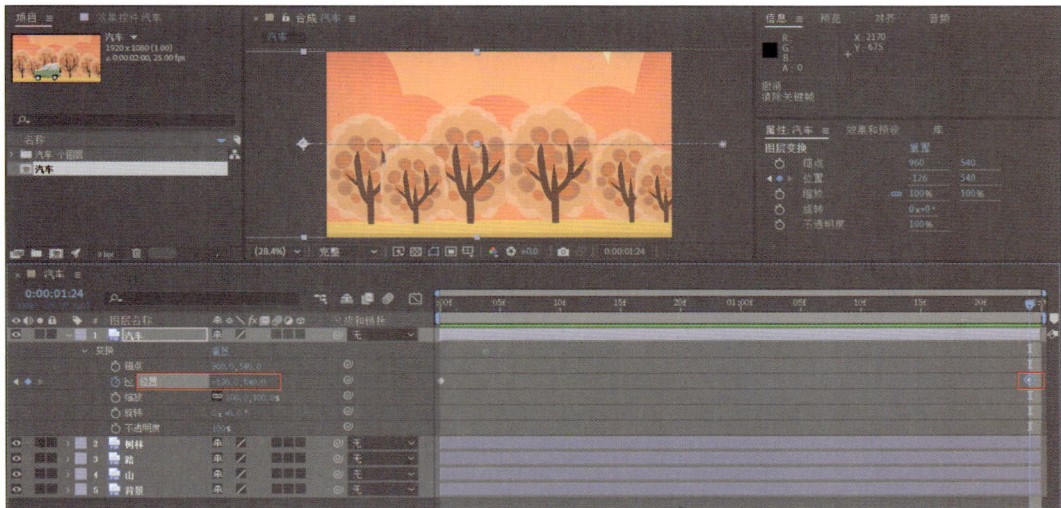

图5-17

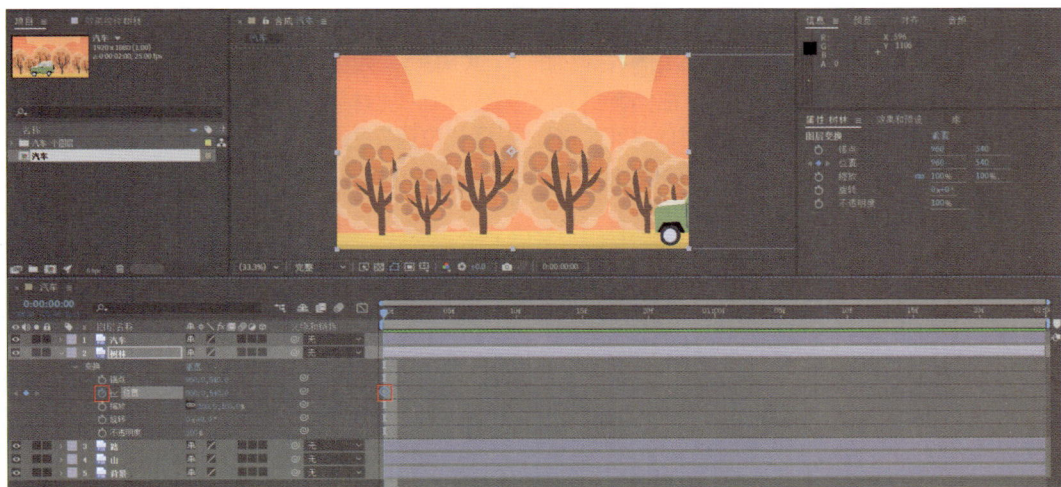

图5-18

图5-19

图5-20

（5）在"时间轴"面板中，展开"山"图层的"变换"属性，将时间指示器拖曳至起始位置，单击"位置"前的"时间变化秒表"按钮，添加一个关键帧，如图5-21所示。将时间指示器拖曳至0:00:01:24，单击"位置"前的"在当前时间添加或删除关键帧"按钮，添加一个关键帧，如图5-22所示。再将时间指示器拖曳至0:00:01:00，设置"位置"为"960.0，520.0"，此时自动生成一个关键帧，如图5-23所示。按空格键播放，可以看到山的位置发生了变化，画面产生了动态效果。完成本案例的制作，效果如图5-24所示。

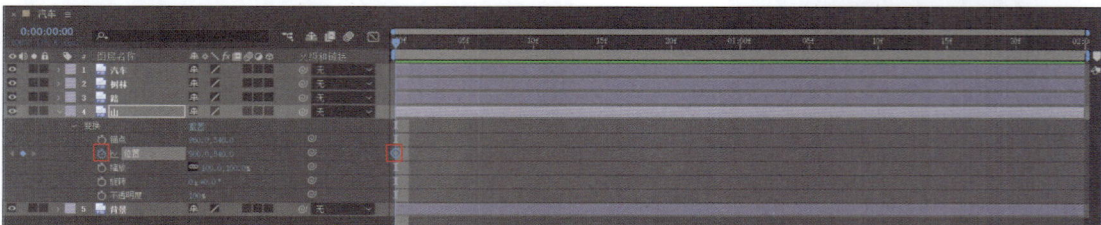

图5-21

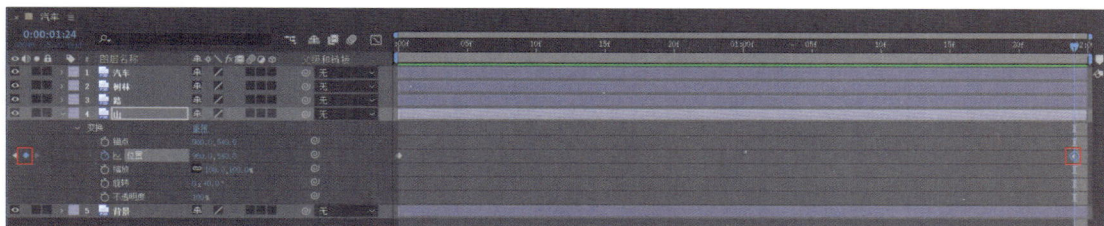

图5-22

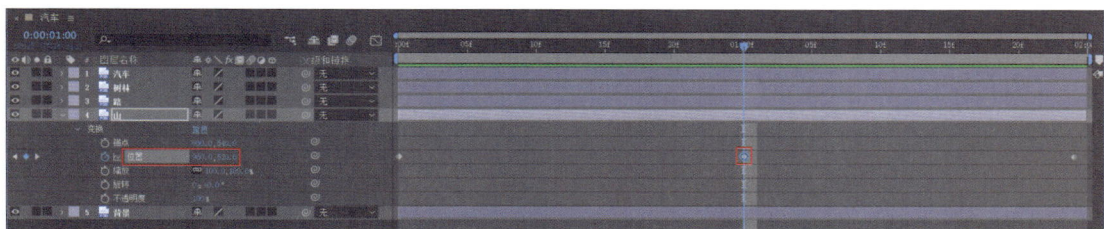

图5-23

图5-24

5.2　动画预设与过渡效果

　　动画预设与过渡效果是 After Effects 中的核心预设效果，在视频制作领域扮演着不可或缺的角色，掌握这些效果的应用，可以使视频动画效果更丰富。

5.2.1　动画预设

　　After Effects 自带的动画预设可以用于制作精彩的动画。

　　在 After Effects 中，有数百种动画预设供使用。在制作动画时，可以将其直接应用到图层中，并根据需要做出修改。此外，借助动画预设还可以保存和重复使用图层属性和动画的特定配置，包括关键帧、效果和表达式。在"效果和预设"面板中打开"动画预设"效果组，如图5-25所示，在其中找到所需效果，将其直接拖曳到需要应用该效果的图层上即可。

5.2.2　过渡效果

　　在 After Effects 中，过渡效果是指视频中相邻两个素材之间的衔接效果。

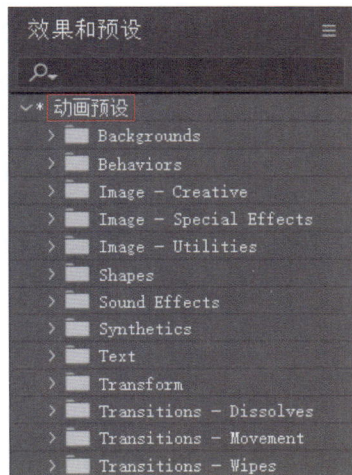

图5-25

After Effects 中的过渡效果作用在图层上，往往需要结合关键帧进行操作，以实现动画的平滑过渡和动态变化。在"效果和预设"面板中打开"过渡"效果组，或是在"时间轴"面板中选择素材，单击鼠标右键，在弹出的快捷菜单中选择"效果"＞"过渡"命令，即可看到"渐变擦除""卡片擦除""光圈擦除""块溶解""百叶窗""径向擦除""线性擦除"效果，如图5-26所示。

图5-26

5.2.3　课堂案例——制作美食广告动画

本案例主要利用动画预设和过渡效果来打造独特的视觉效果，具体操作步骤如下。

（1）在"项目"面板中的空白处单击鼠标右键，在弹出的快捷菜单中选择"新建合成"命令。在弹出的"合成设置"对话框中设置"合成名称"为"01"，"预设"为"自定义"，"宽度"为1458像素，"高度"为966像素，"像素长宽比"为"方形像素"，"帧速率"为25帧/秒，"分辨率"为"完整"，"持续时间"为0:00:07:00，"背景颜色"为黑色，如图5-27所示，单击"确定"按钮。

5-2　制作美食
广告动画

（2）在菜单栏中选择"文件"＞"导入"＞"文件"命令，在弹出的"导入文件"对话框中，将素材"1.jpg"～"4.jpg"（素材文件\第5章\美食）导入"项目"面板，并将其拖曳到"时间轴"面板中，如图5-28所示。

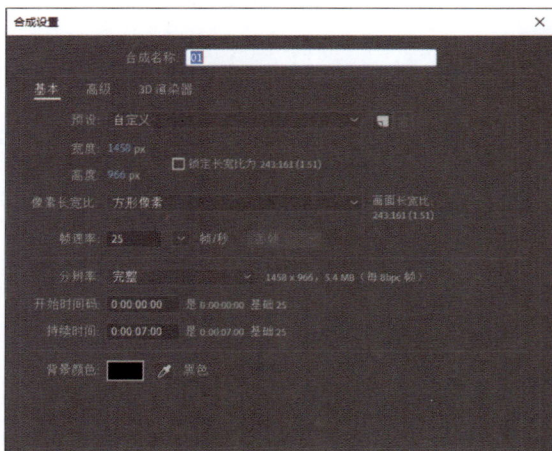

图5-27

图5-28

（3）使用横排文字工具 T 在"合成01"面板中输入文本"美味甜点"，在"字符"面板中设置文字属性，如图5-29所示。

（4）在"时间轴"面板中，将鼠标指针移至文本图层上，单击鼠标右键，在弹出的快捷菜单中选择"图层样式"＞"投影"命令，设置"投影"属性，如图5-30所示。

图5-29

图5-30

（5）在"时间轴"面板中将时间指示器拖曳至起始位置，打开"效果和预设"面板，依次展开
"动画预设"＞"Text"＞"Animate In"效果组，选中"缓慢淡化打开"效果，或在"效果和预设"面
板中搜索"缓慢淡化打开"效果并选中，将其拖曳到"时间轴"面板中的文本图层上，在"时间轴"面
板中展开文本图层的"文本"属性，可以看到新添加的"动画1"，如图5-31所示。

图5-31

（6）依次展开"动画1"＞"范围选择器1"属性，然后选中"偏移"在0:00:02:00的关键帧，拖曳到0:00:01:00，如图5-32所示。拖曳时间指示器查看画面效果，如图5-33所示。

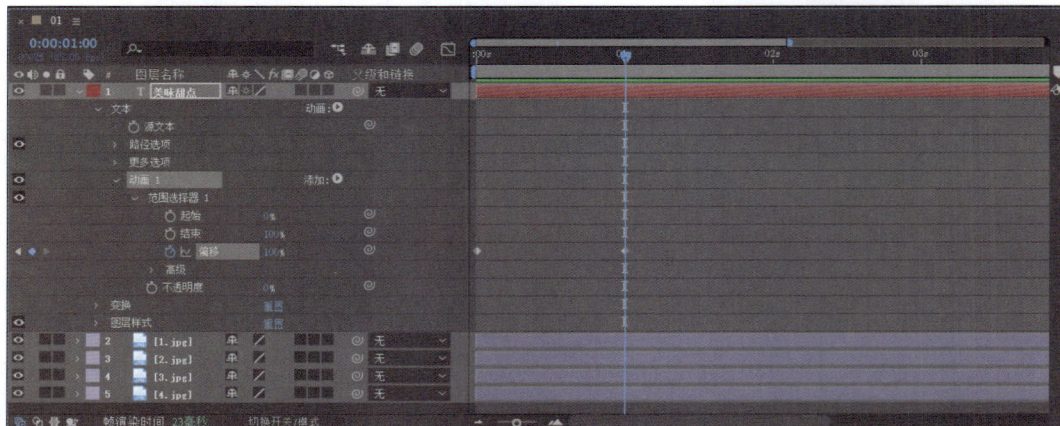

图5-32

图5-33

（7）在"效果和预设"面板中，展开"过渡"效果组，选中"径向擦除"效果，拖曳到"时间轴"面板中的"1.jpg"图层上，在"时间轴"面板中依次展开"1.jpg"图层的"效果"＞"径向擦除"属性，将时间指示器拖曳到0:00:01:00，单击"过渡完成"前的"时间变化秒表"按钮，添加一个关键帧，设置"过渡完成"为"0%"。再将时间指示器拖曳到0:00:02:00，设置"过渡完成"为"100%"，如图5-34所示。拖曳时间指示器查看画面效果，如图5-35所示。

图5-34

图5-35

　　（8）在"效果和预设"面板中，展开"过渡"效果组，选中"百叶窗"效果，拖曳到"时间轴"面板中的"2.jpg"图层上，在"时间轴"面板中依次展开"2.jpg"图层的"效果"＞"百叶窗"属性，将时间指示器拖曳到0:00:02:15，单击"过渡完成"前的"时间变化秒表"按钮🕐，添加一个关键帧，设置"过渡完成"为"0%"。再将时间指示器拖曳到0:00:03:15，设置"过渡完成"为"100%"，"方向"为"0x + 45.0°"，"宽度"为50，如图5-36所示。拖曳时间指示器查看画面效果，如图5-37所示。

　　（9）在"效果和预设"面板中，展开"过渡"效果组，选中"线性擦除"效果，拖曳到"时间轴"面板中的"3.jpg"图层上。在"时间轴"面板中依次展开"3.jpg"图层的"效果"＞"线性擦除"属性，将时间指示器拖曳到0:00:04:05，单击"过渡完成"前的"时间变化秒表"按钮🕐，添加一个关键帧，设置"过渡完成"为"0%"，再将时间指示器拖曳到0:00:05:05，设置"过渡完成"为100%，"擦除角度"为"0x-45.0°"，如图5-38所示。拖曳时间指示器查看画面效果，如图5-39所示。完成本案例的制作，效果如图5-40所示。

图5-36

图5-37

图5-38

图5-39

图5-40

课堂讨论

如何结合多个动画效果创造出独特的视觉效果？说出来与大家分享。

提示与技巧

在After Effects中，按"U"键，将显示图层上存在的关键帧（不包括预合成内的关键帧），方便用户查看和编辑这些关键帧。

5.3 思考与练习

一、单选题

1. 为图层的（　　）属性设置关键帧，可以制作图片平移动画。
   A. 位置　　　　　　B. 缩放　　　　　　C. 旋转　　　　　　D. 不透明度
2. 在After Effects 中，"动画预设"效果组位于（　　）面板。
   A. 项目　　　　　　B. 合成　　　　　　C. 信息　　　　　　D. 效果和预设
3. （　　）不属于After Effects 的过渡效果。
   A. 线性擦除　　　　B. 径像擦除　　　　C. 百合窗　　　　　D. 缓慢淡化打开

二、判断题

1. 动画是由一张张连续的图片组成的，每张图片就是一帧。（　　）
2. 在After Effects 中，只能在同一图层的不同属性间复制关键帧。（　　）
3. 两个线性关键帧之间的属性随时间变化呈现匀速运动，没有加速或减速的效果。（　　）

三、操作题

1. 使用素材文件（素材文件\第5章\思考与练习\人物），设置关键帧制作动画效果。
2. 利用素材文件（素材文件\第5章\思考与练习\动物），结合"过渡"效果制作动态转场动画。

5.4 项目实训：制作投篮动画

【实训目标】

本实训主要利用关键帧制作投篮动画，目标不仅在于帮助读者掌握具体的动画操作，还在于培养读者的动画设计能力。

【实训步骤】

首先通过创建关键帧制作篮球位置的移动动画，模拟投篮轨迹。随后，在"旋转"属性上添加关键帧，以制作篮球在飞行过程中的旋转效果。接着，对这些关键帧进行编辑，通过调整关键帧之间的插值方式，来实现篮球移动和旋转的缓动效果，使动画更加自然流畅。本实训效果如图5-41所示。

图5-41

下面介绍一下具体的操作方法。

（1）在"项目"面板中的空白处单击鼠标右键，在弹出的快捷菜单中选择"新建合成"命令，在弹出的"合成设置"对话框中设置"合成名称"为"合成1"，"预设"为"自定义"，"宽度"为1080像素，"高度"为1920像素，"像素长宽比"为"方形像素"，"帧速率"为25帧/秒，"分辨率"为"完整"，"持续时间"为0:00:03:00，"背景"为橙色（色值为R：255，G：175，B：0），如图5-42所示，单击"确定"按钮。

（2）在菜单栏中选择"文件"＞"导入"＞"文件"命令，在弹出的"导入文件"对话框中，将素材"篮球.png"和"篮球架.png"（素材文件\第5章\篮球）导入"项目"面板，并将其拖曳到"时间轴"面板中，如图5-43所示。

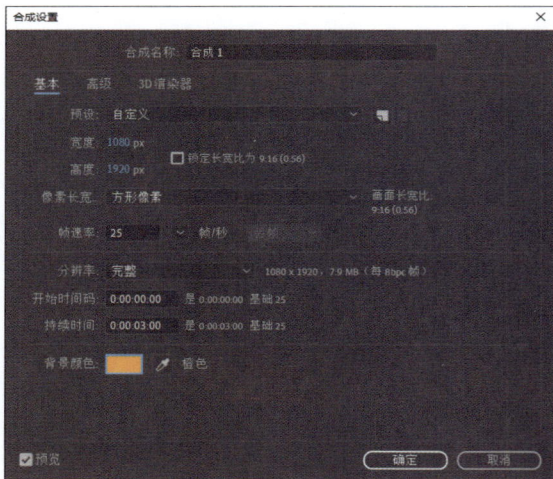

图5-42

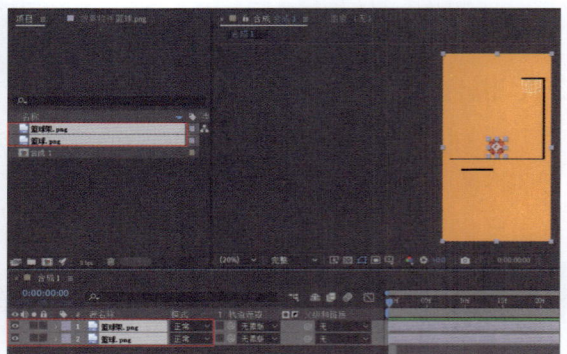

图5-43

（3）在"时间轴"面板中，展开"篮球"图层的"变换"属性，将时间指示器拖曳至起始位置，单击"位置"前的"时间变化秒表"按钮，添加一个关键帧，设置"位置"为"-110.0,726.0"，如图5-44所示；将时间指示器拖曳至0:00:01:00，设置"位置"为"890.0,150.0"，生成一个关键帧，如图5-45所示；将时间指示器拖曳至0:00:02:00，设置"位置"为"890.0，990.0"，生成一个关键帧，如图5-46所示，完成投篮到篮球落地的动作。将时间指示器拖曳至0:00:02:13，设置"位置"为"890.0，770.0"，生成一个关键帧，如图5-47所示；将时间指示器拖曳至0:00:02:24，设置"位置"为"890.0，990.0"，生成一个关键帧，如图5-48所示，完成篮球触地反弹的动作。拖曳时间指示器查看效果，如图5-49所示。

图5-44

图5-45

图5-46

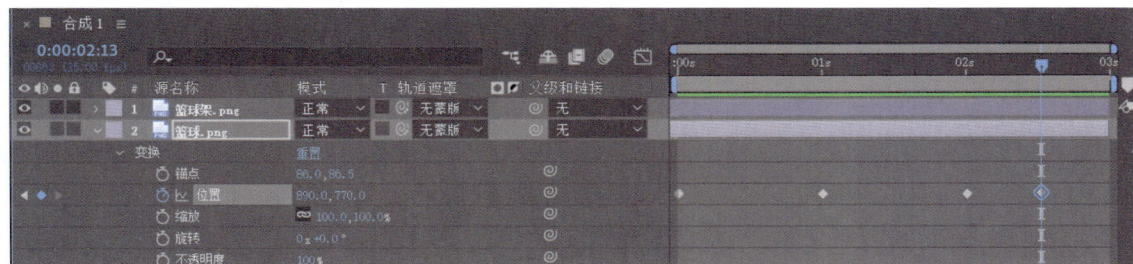

图5-47

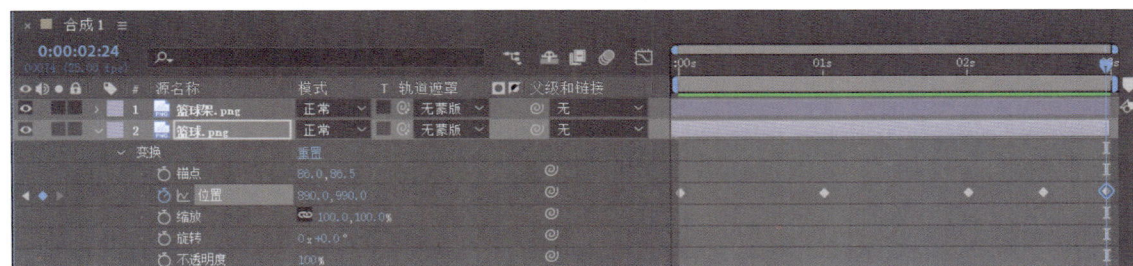

图5-48

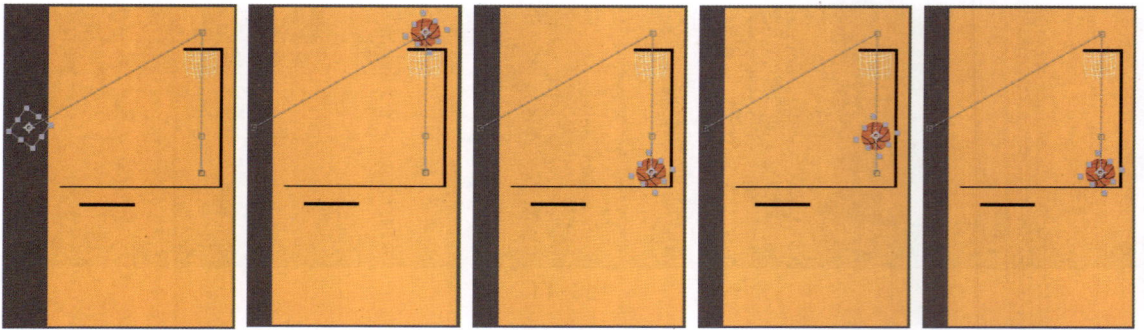

图5-49

（4）让投篮后篮球的触地动作带有旋转效果。将时间指示器拖曳至0:00:01:00，单击"旋转"前的"时间变化秒表"按钮 ，添加一个关键帧，设置"旋转"为"0x + 0.0°"，如图5-50所示。将时间指示器拖曳至0:00:02:00，设置"旋转"为"1x + 0.0°"，此时自动生成一个关键帧，如图5-51所示。篮球触地的旋转效果如图5-52所示。

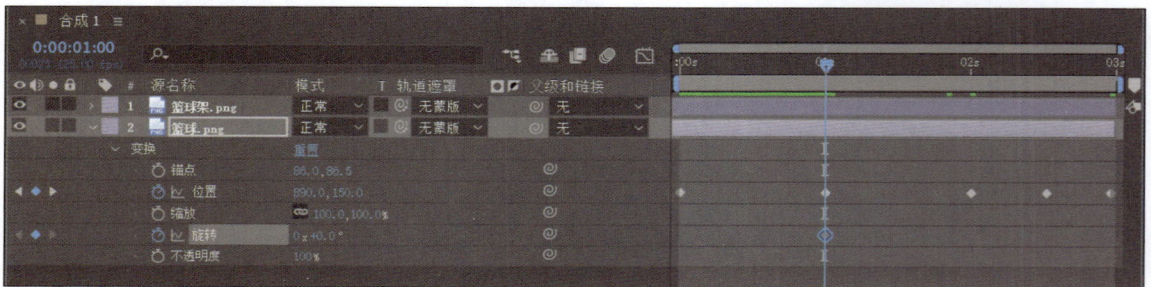

图5-50

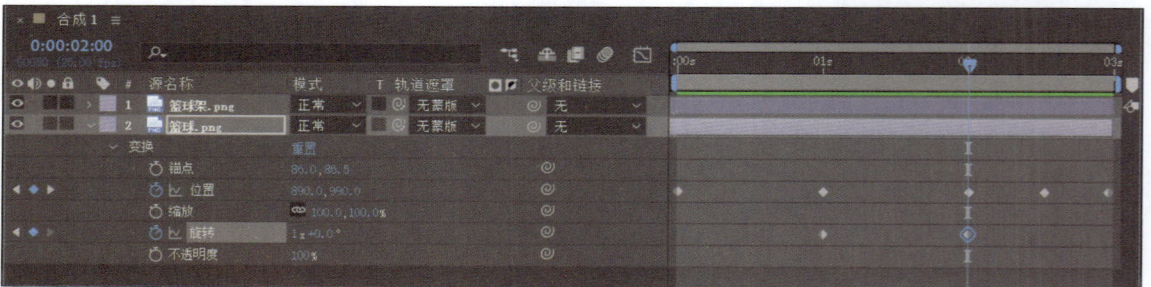

图5-51

图5-52

（5）设置缓动效果。在时间轴上框选所有关键帧，如图5-53所示，将鼠标指针移至任意一个选中的关键帧上，单击鼠标右键，在弹出的快捷菜单中选择"关键帧辅助">"缓动"命令，或按F9键，为所选关键帧添加缓动效果，如图5-54所示。这会使篮球的运动速度在起始和结束阶段逐渐变化，模拟真实物理运动中的加速度和减速度。

图5-53

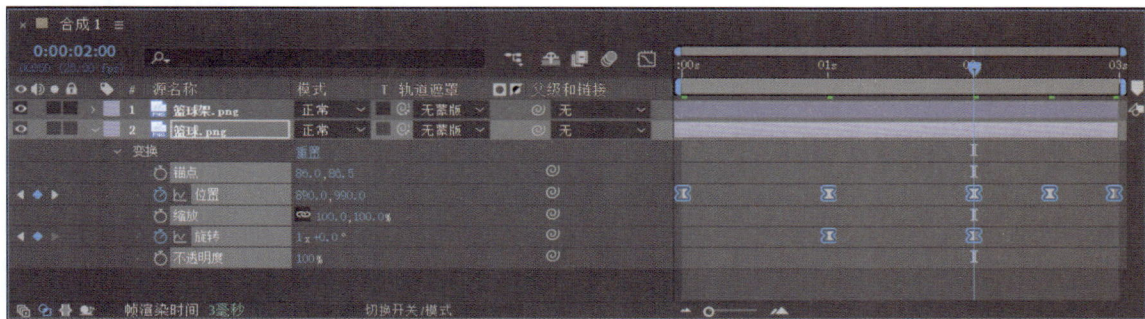

图5-54

第 6 章

摄像机与灯光系统

本章导读

 After Effects不仅支持在二维空间创建合成效果，其三维空间的合成与动画功能也越来越强大。通过三维图层、灯光系统、摄像机系统的配合，可以做出各种三维效果，从而满足不同的创作需求。本章将主要介绍三维图层、灯光系统以及摄像机系统的创建方法与实际应用。

学习目标

● 掌握开启三维图层的方法
● 掌握摄像机的创建及使用方法
● 掌握摄像机工具的使用方法
● 掌握灯光的创建及使用方法

6.1 三维图层

要制作有空间层次的场景动画，需要在三维图层中完成。After Effects中的三维图层是指可在三维空间中自由移动、旋转和缩放的图层，允许用户通过调整图层的三维属性来创建更具立体感和深度的视觉效果。三维图层极大地增强了动画的创意性和表现力，使场景更加逼真，适用于广告、影视特效、UI设计等多个领域的视觉创作，为观众带来沉浸式的视觉体验。

6.1.1 开启三维图层

除了音频图层以外，其他图层（如视频图层、文本图层、形状图层等）都可以转换为三维图层。将一个普通的二维图层转换为三维图层的方法非常简单，只需要在图层的右侧单击"3D图层"按钮 对应的方框即可，展开图层的"变换"属性会发现，"锚点""位置""缩放""方向"等属性都出现了Z轴的参数信息，另外还多了一个"材质选项"属性，如图6-1所示。

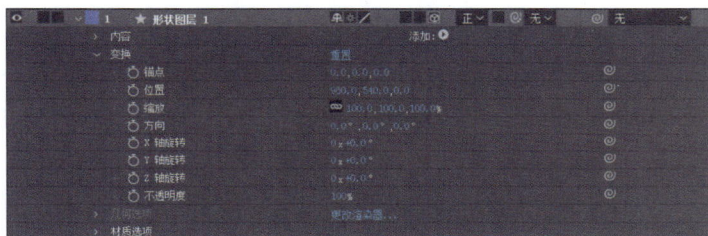

图6-1

> 💡 **提示与技巧**
>
> 如果要将三维图层重新变回二维图层，再次单击"3D图层"按钮 对应的方框即可，三维图层中的Z轴信息和"材质选项"信息将丢失。

6.1.2 三维图层的坐标系

控制三维对象时，需要依据某种坐标系进行定位。After Effects提供了3种定位模式：本地轴模式、世界轴模式和视图轴模式。在工具栏中选择选取工具 后，将显示"本地轴模式"按钮 、"世界轴模式"按钮 和"视图轴模式"按钮 ，如图6-2所示。

图6-2

本地轴模式： 基于物体自身的坐标系统进行的，用户可以更直观地控制物体的变换效果。

世界轴模式： 使用全局坐标系统作为变换的基准。在这个模式下，X轴始终指示合成的水平方向，Y轴始终指示合成的垂直方向，Z轴始终指示合成的纵深方向。

视图轴模式： 根据当前所处的视图来定义坐标轴。在这个模式下，坐标轴总是对齐视图的"表面"，即无论在哪个视图中进行变换操作，坐标轴都会根据该视图的方向来调整。

After Effects中的三维图层坐标系允许用户在三维空间中精确地控制图层内容。这个坐标系由3个轴（X、Y、Z轴）组成，每个轴代表不同的空间方向，如图6-3所示。

X轴以红色表示，代表水平方向上的移动，向右移动为正方向，向左移动为负方向。

Y轴以绿色表示，代表垂直方向上的移动，向上移动为正方向，向下移动为负方向。

Z轴以蓝色表示，代表深度方向上的移动，向屏幕外移动（即远离观者）为正方向，向屏幕内移动（即靠近观者）为负方向。

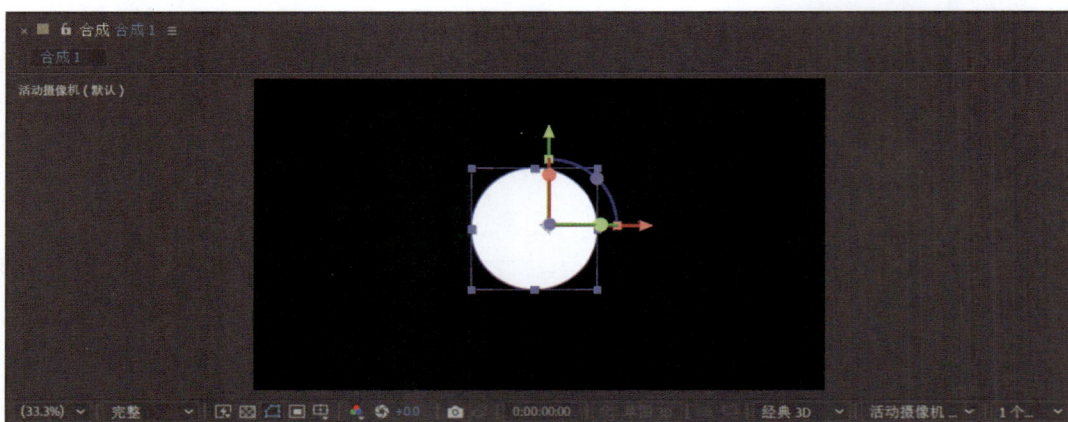

图6-3

在观察三维对象的过程中，人们往往会由于各种原因（场景过于复杂等）而产生视觉错觉，无法仅通过对透视图的观察正确判断当前三维对象所处的具体空间状态，因此需要借助不同的视图作为参照，获取三维对象准确的位置信息。

After Effects提供了多种视图，可以从"合成"面板中的"3D视图弹出式菜单"下拉列表中选择所需的视图，这些视图可分为活动摄像机视图、正交视图和自定义视图三大类，如图6-4所示。

活动摄像机视图： 从摄像机镜头观察空间，与正交视图不同的是，活动摄像机视图描绘出的是带有透视变化的视觉空间，能非常真实地展现近大远小、近长远短的透视关系。

正交视图： 包括正面、左侧、顶部、背面、右侧和底部，其实就是以垂直正交的方式观察空间中的6个面，在正交视图中，尺寸和距离以原始数据的方式呈现，从而忽略了透视所导致的大小变化，也就意味着在正交视图中观察三维对象时没有透视感。

自定义视图： 是从几个默认的角度观看当前空间，可以通过工具栏中的摄像机工具调整视图角度。同摄像机视图一样，自定义视图也是遵循透视规律来呈现当前空间的。

在进行三维创作时，还可以多视图方式观察三维空间，在"合成"面板中的"选择视图布局"下拉列表中进行选择，如图6-5所示，选择"2个视图"或"4个视图"等选项，用户就能够同时从多个角度观察三维空间。

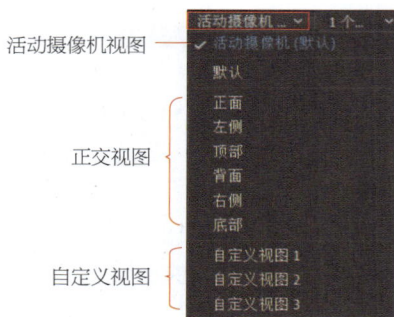

图6-4

图6-5

6.1.3　三维图层的基本操作

在"时间轴"面板中，展开一个三维图层的"变换"属性，可以对该图层的"锚点""位置""缩放""方向""X轴旋转""Y轴旋转""Z轴旋转""不透明度"等属性进行设置，如图6-6所示。

图6-6

> **提示与技巧**
>
> 在After Effects中，三维图层的"方向""X轴旋转""Y轴旋转""Z轴旋转"属性虽然都涉及图层的旋转，但它们之间存在显著的区别。改变"方向"属性，图层主要围绕世界坐标轴的竖直轴（通常是y轴，但具体取决于After Effects的坐标系设置和图层的初始朝向）进行旋转，旋转的角度限制在0°到360°的范围内，适用于需要简单围绕某一固定轴进行旋转的场景。该旋转基于世界坐标轴，因此旋转效果是相对整个场景而言的。与"方向"属性不同，调整"X轴旋转""Y轴旋转""Z轴旋转"属性，则图层分别围绕自身的X轴、Y轴和Z轴进行旋转。旋转的角度没有限制，可以超过360°，这意味着图层可以进行多次完整的旋转。这些属性适用于需要更复杂旋转效果的场景，因为它们可以用于分别控制图层在3个不同方向上的旋转角度，从而实现更加灵活和多样的三维效果。

6.1.4　三维图层的"材质选项"属性

当普通的二维图层被转换为三维图层时，会增加一个全新的"材质选项"属性，可以通过此属性来设置三维图层与灯光、阴影以及摄像机交互的方式，如图6-7所示。

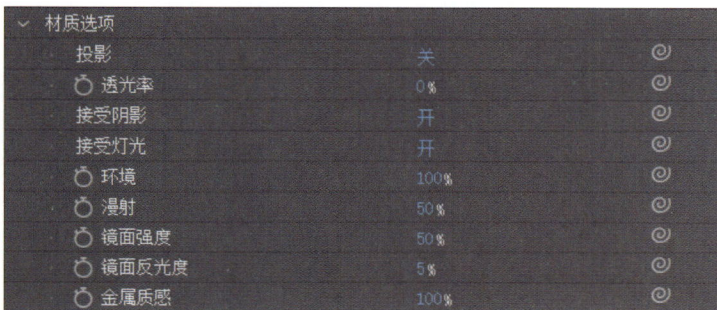

图6-7

投影： 指定图层是否在其他图层上投影，需要结合灯光使用。

透光率： 将图层颜色投射在其他图层上作为阴影的程度。

接受阴影： 指定图层是否显示其他图层的投影。

接受灯光： 指定灯光是否影响该图层的亮度及色彩。

环境： 图层的环境反射强度，可调整图层的环境亮度。

漫射： 图层的漫反射强度。

镜面强度： 图层的镜面反射强度。

镜面反光度： 镜面高光的大小。

金属质感： 用于模拟金属表面的反光和光泽大小。

6.1.5　课堂案例——制作旋转文字

本案例使用三维图层的"不透明度"属性、"缩放"属性、"位置"属性和"Y轴旋转"属性制作旋转文字动画，具体操作步骤如下。

（1）新建项目，将素材"月饼.mp4""文字.png"（素材文件\第6章\制作旋转文字）导入"项目"面板。

（2）将"月饼.mp4"拖曳到"时间轴"面板，"项目"面板中自动新建一个同名的合成，如图6-8所示。

6-1　制作旋转文字

（3）将"文字.png"拖曳到"时间轴"面板中"月饼"图层的上方，在"文字"图层的右侧单击"3D图层"按钮对应的方框，将该图层转换为三维图层，如图6-9所示。

图6-8

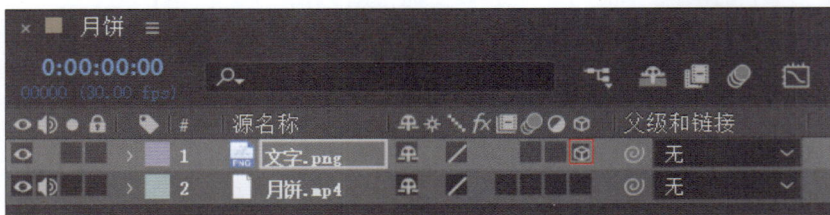

图6-9

（4）在"时间轴"面板中，展开"文字"图层的"变换"，将时间指示器拖曳至0:00:00:00，单击"缩放"前的"时间变化秒表"按钮，添加一个关键帧，设置"缩放"为"100.0，100.0，100.0%"，单击"不透明度"前的"时间变化秒表"按钮，添加一个关键帧，设置"不透明度"为

"0%",如图6-10所示。

（5）将时间指示器拖曳至0:00:01:00,单击"位置"前的"时间变化秒表"按钮$\circlearrowleft$,添加一个关键帧,设置"位置"为"960.0,540.0,0.0",设置"缩放"为"17.0,17.0,100.0%",此处自动添加一个关键帧,设置"不透明度"为"100%",此处自动添加一个关键帧,如图6-11所示。

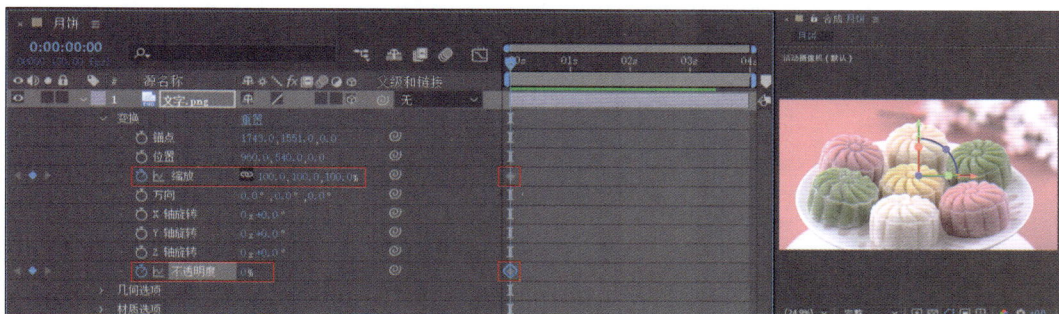

图6-10

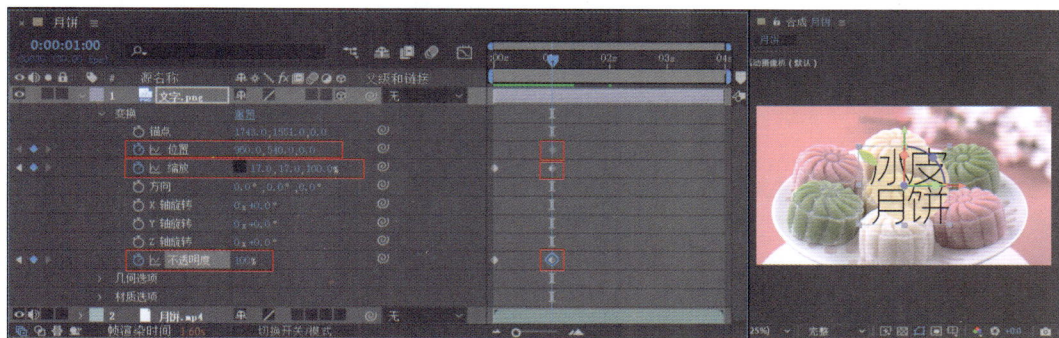

图6-11

（6）按"Ctrl+C"组合键复制0:00:01:00处"位置"的关键帧,将时间指示器拖曳至0:00:02:00,按"Ctrl+V"组合键粘贴关键帧,设置"缩放"为"0.0,0.0,100.0%",此处自动添加一个关键帧,如图6-12所示。

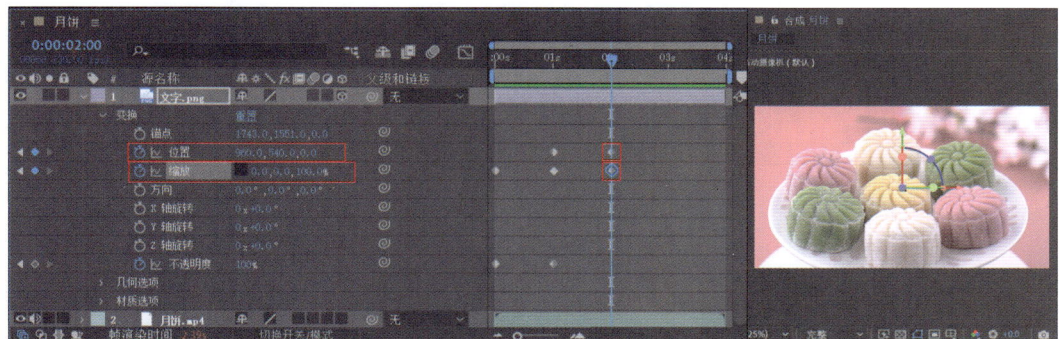

图6-12

（7）将时间指示器拖曳至0:00:03:00,设置"位置"为"174.0,171.0,0.0"此处自动添加一个关键帧,设置"缩放"为"8.0,8.0,100.0%",此处自动添加一个关键帧,单击"Y轴旋转"前的"时间变化秒表"按钮$\circlearrowleft$,添加一个关键帧,设置"Y轴旋转"为"0x+0.0°",如图6-13所示。

（8）将时间指示器拖曳至0:00:03:29,设置"Y轴旋转"为"-2x+0.0°",此处自动添加一个关键帧,如图6-14所示。

图6-13

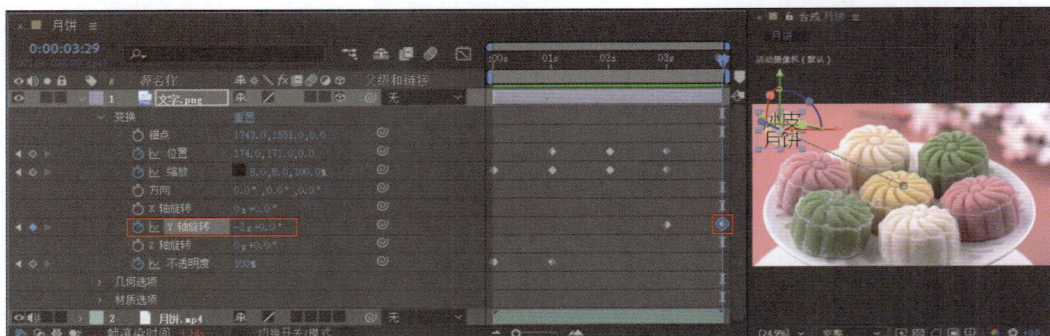

图6-14

（9）在时间轴上框选所有关键帧，按F9键为它们添加缓动效果，如图6-15所示，文字旋转效果如图6-16所示。

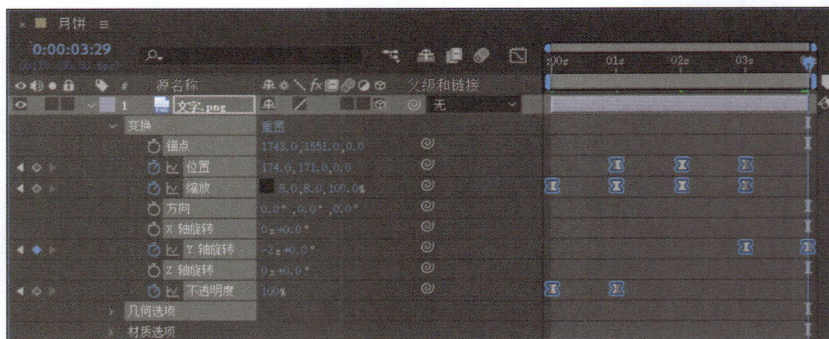

图6-15

图6-16

课堂讨论

在After Effects中使用三维图层的哪种旋转属性可以制作上下翻转动画？说出来与大家分享。

6.2　灯光系统

在After Effects中，三维图层的"材质选项"属性对于实现逼真的视觉效果至关重要。此外，要达到满意的合成效果，还必须在场景内恰当地创建和设置灯光。图层的投影、环境光照以及反射等特性都需要在特定的灯光环境下才能充分展现其效果。因此，灯光的配置是增强场景真实感和深度不可或缺的环节。灯光具有多种应用方式，通过灵活运用灯光图层，可以显著提升作品的质感，提高制作效率。

6.2.1　创建灯光

在菜单栏中选择"图层">"新建">"灯光"命令（或按"Ctrl+Alt+Shift+L"组合键），在弹出的"灯光设置"对话框中进行设置，单击"确定"按钮即可创建灯光图层，如图6-17所示。

强度：用于设置光线的强度，数值越大光线越强，数值越小光线越弱。

颜色：用于设置灯光颜色，颜色会影响色温。

衰减：用于设置光线向远处照射时的衰减效果，包含"无""平滑""反向平方限制"选项。

锥形角度：仅创建聚光时该选项才可用，通过调整锥形角度，用户可以确定聚光的照射范围。角度越大，照射范围越广；角度越小，照射范围越小。

锥形羽化：同样仅对聚光有效，它用于调整聚光照射区域的边缘柔和度。

投影：勾选该复选框，被照射的物体会产生投影效果，它作用于三维空间。

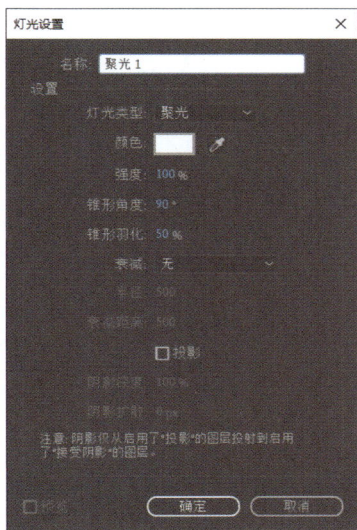

图6-17

6.2.2　灯光的类型与属性

1. 灯光的类型

After Effects中包含4种灯光类型，分别为平行光、聚光、点光、环境光，在"灯光设置"对话框中的"灯光类型"下拉列表中可以设置灯光的类型。

平行光：平行光是模拟来自无限远的光源发出的光线（如太阳光），具有方向性但不随距离增加而减弱光照强度。其产生的阴影边缘清晰，无模糊效果。

聚光：聚光是从受锥形体约束的光源发出的光线，类似舞台灯、手电筒等发出的光线。它具有方向性，可以模拟剧场中的聚光灯、手电筒等效果。其照射范围可调，并可以产生具有明确边缘的阴影。

点光：点光是从一个点发出的全向光，类似电灯泡或蜡烛的光线。其光照强度随距离的增加而减弱，可以产生柔和的阴影效果。

环境光：环境光是无方向、无投影的光源发出的光线，主要用于提高场景的整体亮度。它不具备特定的光源位置，也不会产生阴影。

💡 **提示与技巧**

在After Effects中，灯光和摄像机默认不影响二维图层，但可以通过将二维图层转换为三维图层来使其受到灯光和摄像机的影响。

2. 灯光的属性

After Effects中的灯光图层除了具有基本的"变换"属性（如"目标点""位置""方向"等属性）外，还包括"灯光选项"属性，如图6-18所示，该属性对于调整灯光的特性、模拟真实光照效果以及增强场景的氛围至关重要。在After Effects中，不同类型的灯光具有不同的"灯光选项"属性。

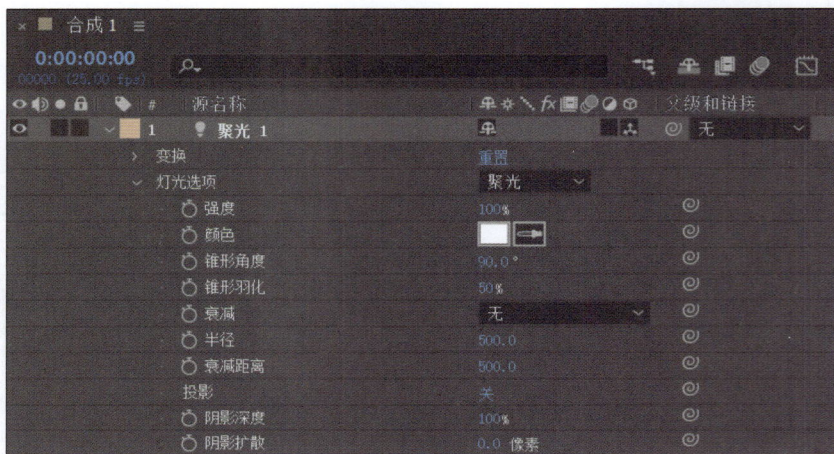

图6-18

6.2.3 课堂案例——制作灯光投影

本案例使用After Effects中的灯光图层为其他图层制作灯光投影，具体操作步骤如下。

（1）新建项目，在"项目"面板中，单击鼠标右键，在弹出的快捷菜单中选择"新建合成"命令。在弹出的"合成设置"对话框中设置"合成名称"为"合成1"，"预设"为"自定义"，"宽度"为2500像素，"高度"为1785像素，"像素长宽比"为"方形像素"，"帧速率"为25帧/秒，"分辨率"为"完整"，"持续时间"为0:00:03:00，"背景"为黑色，单击"确定"按钮创建合成。

6-2 制作灯光投影

（2）在菜单栏中选择"文件">"导入">"文件"命令，将素材"耳机.png"（素材文件\第6章）导入"项目"面板，并将其拖曳到"时间轴"面板中，如图6-19所示。

（3）在菜单栏中选择"图层">"新建">"纯色"命令，在弹出的"纯色设置"对话框中使用吸管工具🔍拾取耳机上的暗红色，设置"名称"为"耳机背景"，单击"确定"按钮，新建一个纯色图层，如图6-20所示。

（4）将"耳机背景"图层移到"耳机.png"图层的下方，并将"耳机.png"图层和"耳机背景"图层转为三维图层，如图6-21所示。设置视图为"自定义视图1"并进行预览，展开"耳机.png"图层的"变换"属性，设置"锚点"为"698.5，680.0，369.0"，可以看到耳机与背景之间隔了一段距离，如图6-22所示。

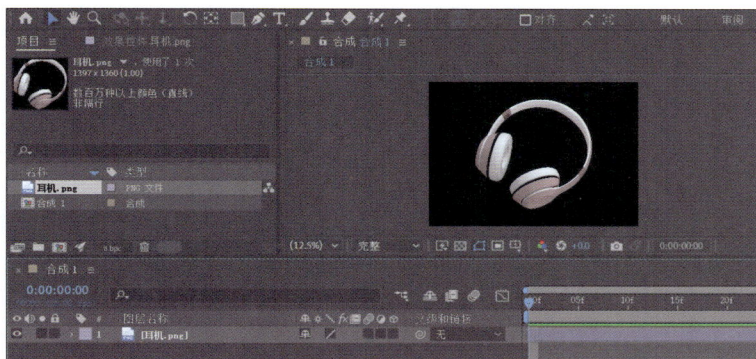

图6-19

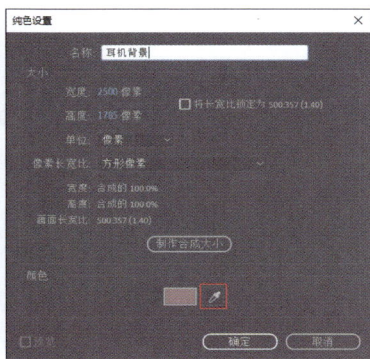

图6-20

提示与技巧

选择需要修改的纯色图层，在菜单栏中选择"图层">"纯色设置"命令，可以修改纯色图层的颜色。

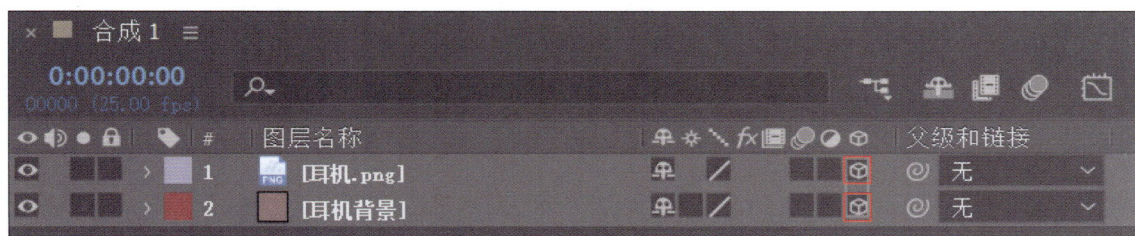

图6-21

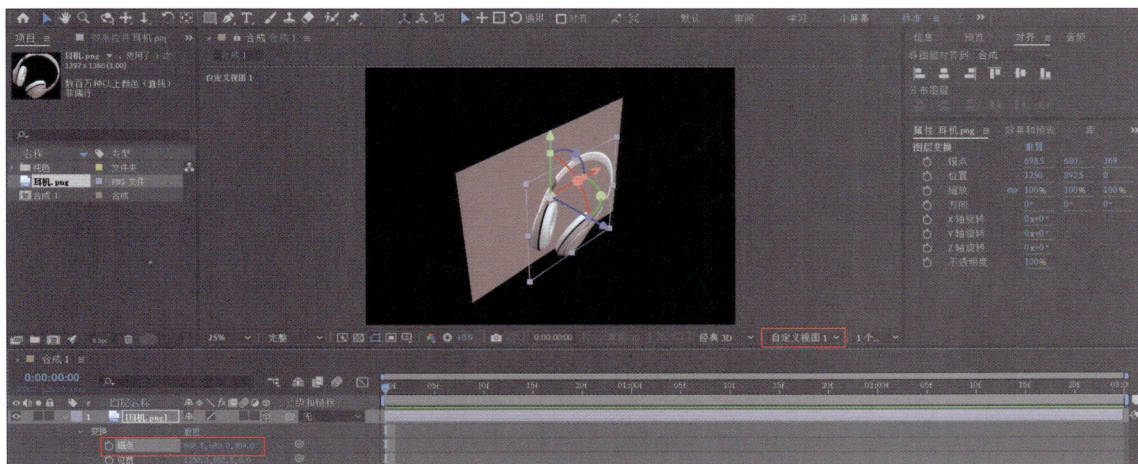

图6-22

（5）设置视图为"活动摄像机（默认）"并进行预览。在菜单栏中选择"图层">"新建">"灯光"命令，在弹出的"灯光设置"对话框中设置"灯光类型"为"聚光"，其他为默认设置，单击"确定"按钮，创建"聚光1"图层。

（6）在"项目"面板中展开"聚光1"图层的"灯光选项"属性，设置"投影"为"开"，如图6-23所示。展开"耳机.png"图层的"材质选项"属性，设置"投影""接受阴影""接受灯光"均为"开"，如图6-24所示。展开"耳机背景"图层的"材质选项"属性，设置"接受阴影"为"开"，"投影"和"接受灯光"为"关"，如图6-25所示。

图6-23

图6-24

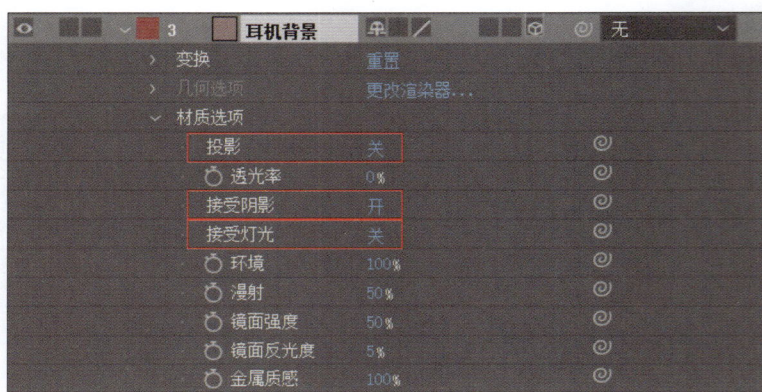

图6-25

（7）调整灯光位置。可以直接拖曳灯光控件进行调整，拖曳灯光位置图标、目标点和方向轴线进行实时调整；另外在"聚光1"图层的"变换"属性中，设置"位置""目标点""方向"的参数可以精确控制光源位置（"位置"设定光源起点，"目标点"控制照射方向，"方向"用于绕X/Y/Z轴手动旋转灯光角度），如图6-26所示。调整灯光位置后的效果如图6-27所示。

（8）在"项目"面板中展开"聚光1"图层的"灯光选项"属性，设置"强度"为"155%"，"锥形角度"为"150.0°"，"锥形羽化"为"50%"，"阴影深度"为"12%"，如图6-28所示，效果如图6-29所示。

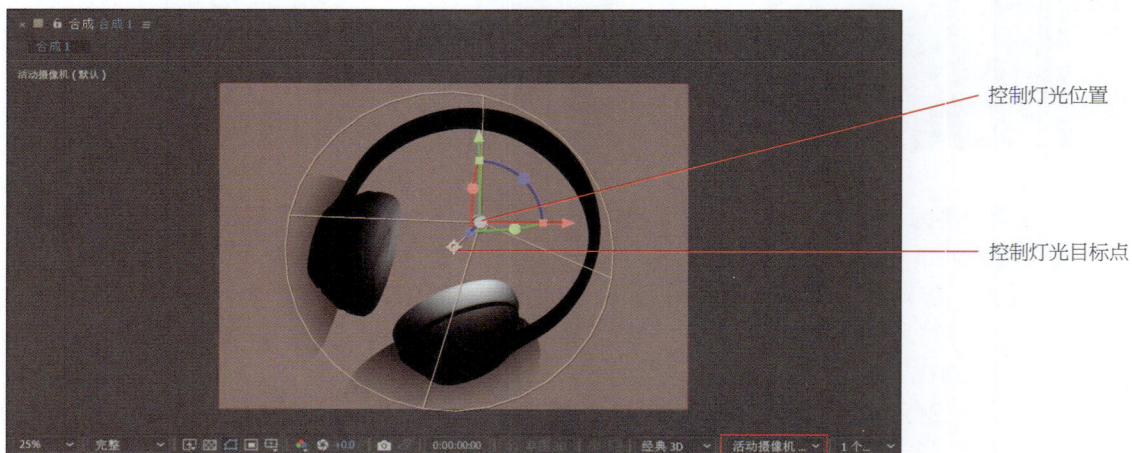

控制灯光位置

控制灯光目标点

图6-26

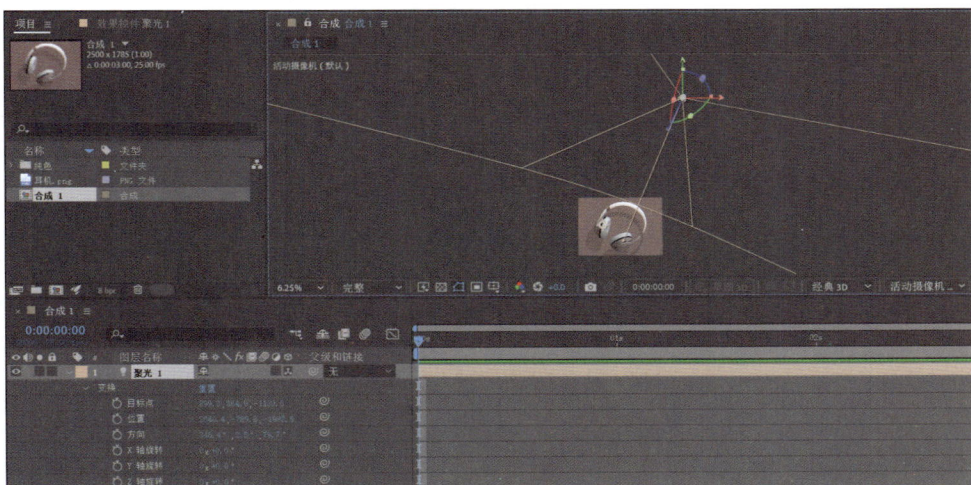

图6-27

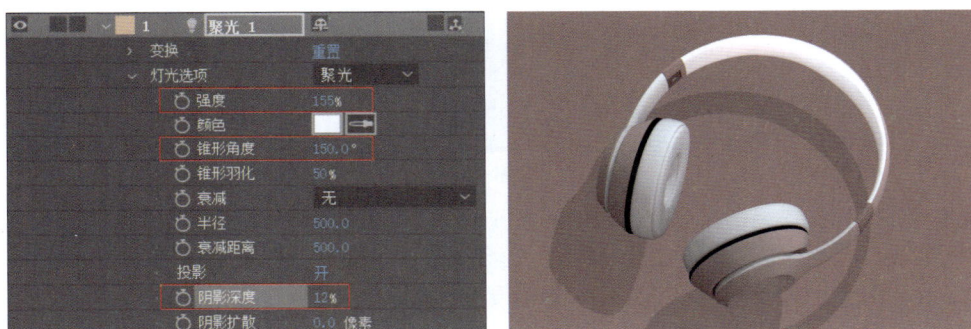

图6-28   图6-29

在After Effects中，利用灯光图层能够创造出哪些效果？说出来与大家分享。

6.3　摄像机系统

在三维图层中，除灯光和图层材质赋予的多种多样的效果以外，摄像机的功能也是相当重要的，因为不同视角得到的光影效果是不同的，而且摄像机增强了动画控制的灵活性和多样性，丰富了图像合成的视觉效果。在After Effects中，通过摄像机可以从任何角度和距离查看三维图层，也可以利用摄像机的特性来进行镜头的运动与切换，还可以使用摄像机为三维图层制作景深效果等。

6.3.1　摄像机的使用原理

After Effects中的摄像机通过模拟真实相机的操作（如位置、角度、焦距调整），在三维空间中移动、旋转、缩放图层，创造立体和真实的视觉效果。用户可创建摄像机图层，并设置"焦距""景深"等属性来控制视角和景深。利用关键帧动画技术，还能实现摄像机在场景中的动态移动，进一步丰富视觉效果。摄像机系统结合了三维空间布局、物体运动效果和视觉传达，为视频制作提供了强大动力。

6.3.2 创建摄像机

在菜单栏中选择"图层">"新建">"摄像机"命令（或按"Ctrl+Alt+Shift+C"组合键），在弹出的"摄像机设置"对话框中进行设置，如图6-30所示，单击"确定"按钮即可创建摄像机图层。

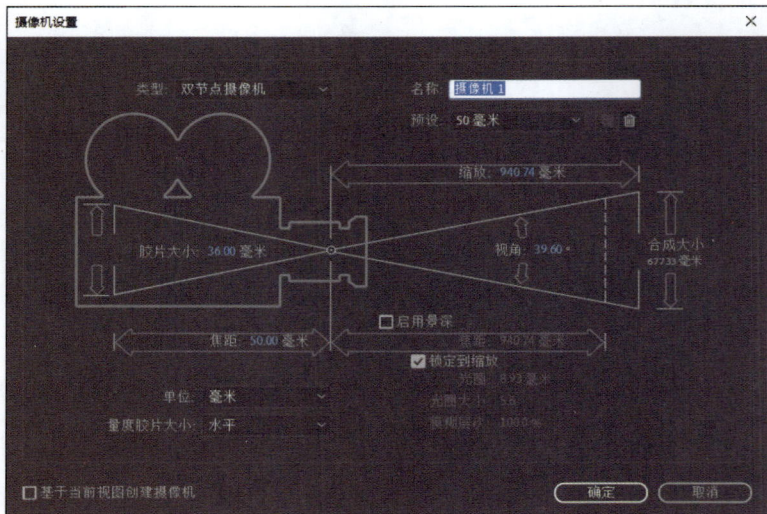

图6-30

类型： 用于设置单节点摄像机或双节点摄像机。单节点摄像机没有中心点控制，当进行位置变动时，整个视图会移动而不是旋转，适合制作直线运动的简单动画；双节点摄像机具有中心点（或目标点）控制，使摄像机能够上下左右变换，适合制作更复杂的动画。

名称： 用于设定摄像机的名称。

预设： 此下拉列表中包含9种常用的摄像机镜头，如"15毫米""20毫米""24毫米""28毫米""35毫米""50毫米""80毫米""135毫米""200毫米"，此外还包含自定义镜头。

胶片大小： 用于设置胶片曝光区域的大小，调整此参数，会对"缩放""视角"以及景深的"焦距"值产生影响。

焦距： 用于设置摄像机到图像的距离。焦距短，就是广角效果；焦距长，就是长焦效果。调整此参数，会对"缩放""视角"以及景深的"焦距"和"光圈"值产生影响。

单位： 用于确定在"摄像机设置"对话框中使用的参数单位，包括"像素""英寸""毫米"3个选项。调整此参数，会对"缩放""视角"以及景深的"焦距"值产生影响。

量度胶片大小： 用于改变"胶片大小"的基准方向，有"水平""垂直""对角"3个选项。

缩放： 用于设置摄像机到图像的距离。"缩放"值越大，通过摄像机显示的图层就越大，视野也就相应地缩窄。

锁定到缩放： 选中此复选框，可以使"焦距"值与景深的"焦距"值匹配。

视角： 用于设置视角。角度越大，视野越宽，相当于广角镜头；角度越小，视野越窄，相当于长焦镜头。调整此参数，会对"焦距""缩放""光圈"值产生影响。

启用景深： 用于设置是否开启景深功能。配合"焦距""光圈""光圈大小""模糊层次"选项使用。"焦距"选项用于控制焦点距离，确定从虚拟摄像机的位置开始，到图像中最清晰的那一点（或区域）的距离；"光圈"选项与曝光没有关系，只影响景深，设置的值越大，前后图像清晰的范围就越小；"光圈大小"选项与"光圈"选项是互相影响的，同样影响景深的模糊程度；"模糊层次"选项用于控制景深模糊程度，该值越大，图像越模糊，为0%则不进行模糊处理。

6.3.3 摄像机的属性

After Effects中的摄像机图层除了具有基本的"变换"属性（如"目标点""位置""方向""X轴旋转""Y轴旋转""Z轴旋转"）外，还包括"摄像机选项"属性，如图6-31所示。

图6-31

6.3.4 控制摄像机

After Effects 2023的工具栏中包含多种摄像机工具，它们为创建动态视觉效果和三维空间感提供了强大的支持，以下是一些常见的摄像机工具。

绕光标旋转工具⟳： 允许用户围绕当前光标旋转场景或对象，光标的位置为旋转的中心点，用户可以拖曳调整旋转的角度和方向。

绕场景旋转工具⟳： 允许用户直接围绕场景的固定坐标轴（如X轴、Y轴或Z轴）旋转选定对象或图层，这种旋转方式不依赖于光标的位置，而是基于场景的全局坐标系，适用于需要精确控制旋转角度和方向的情况。

绕相机信息点旋转⟳： 当场景中存在摄像机图层时，用户可以使用此工具围绕摄像机的信息点（通常是摄像机的中心点或目标点）进行旋转，这种旋转方式有助于模拟摄像机围绕某个固定点进行拍摄的效果，增强场景的空间感和动态感。

平移摄像机POI工具✥： 用于在三维空间中平移摄像机或选定对象，同时保持摄像机的兴趣点（POI，Point of Interest）在场景中的相对位置不变。

推拉至光标工具⬇/推拉至摄像机POI工具⬇： 允许用户根据光标或摄像机的位置进行推拉操作，从而改变视图或对象的大小和位置。

99

6.3.5 课堂案例——制作摄像机动画

本案例将在After Effects中利用摄像机图层为一幅静态插画添加动态镜头效果，先平移镜头，接着过渡到推镜头，最后再次平移镜头。具体操作步骤如下。

（1）新建项目，导入素材"插画.psd"（素材文件\第6章），导入时，在弹出的对话框中设置"导入种类"为"合成"，在"图层选项"中选中"可编辑的图层样式"单选项，单击"确定"按钮，导入文件。在"项目"面板中，设置"插画"合成的"持续时间"为"0:00:03:00"，然后双击"插画"合成，"时间轴"面板中将显示合成包含的图层，如图6-32所示。

6-3 制作摄像机动画

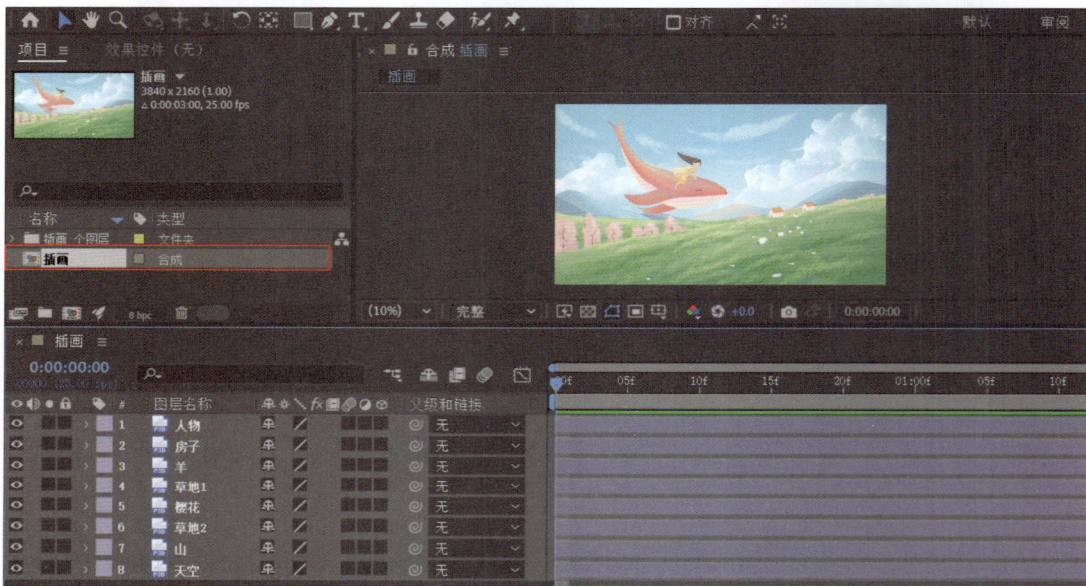

图6-32

（2）在"时间轴"面板中，将所有图层转为三维图层，如图6-33所示。

（3）在菜单栏中选择"图层"＞"新建"＞"摄像机"命令，创建一个双节点摄像机图层，如图6-34所示。

图6-33

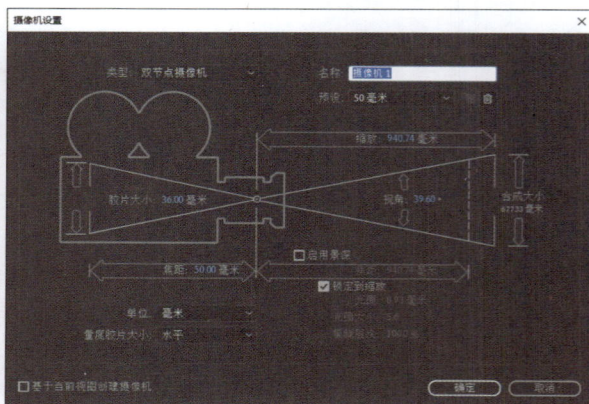

图6-34

（4）在进行三维创作时，开启2个视图，将左视图设置为"自定义视图1"，将右视图设置为"活动摄像机"，通过左视图可以清晰地看到此时画面为一张平面图，如图6-35所示。

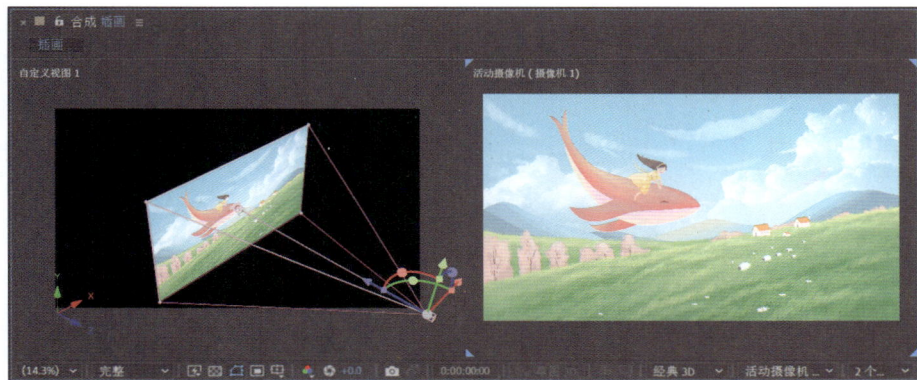

图6-35

（5）在After Effects中，为了基于平面图创建三维空间效果，需要调整每个图层的前后空间关系。在调整"位置"属性的Z轴值时，通常需要同时调整图层的"缩放"属性，以确保画面在摄像机的空间移动过程中不会出现穿帮或画面不完整的情况。例如，当调整"天空"图层在Z轴上的位置后，"天空"图层无法填满整个画面，如图6-36所示，此时可以通过增大"缩放"属性来使"天空"图层重新覆盖整个画面，如图6-37所示。此外，在调整画面素材时，为了确保镜头平移时有足够的空间，画面素材的宽度应适当大于画布宽度。调整每个图层的空间关系，效果如图6-38所示。

（6）使用摄像机制作动画。展开"摄像机1"的"变换"属性，将时间指示器拖曳至0:00:00:00，为"目标点"和"位置"添加关键帧，使用平移摄像机POI工具⊞将摄像机向左移，如图6-39所示，将时间指示器拖曳至0:00:01:00，使用平移摄像机POI工具⊞将摄像机向右移至合适位置，"目标点"和"位置"将自动添加关键帧，如图6-40所示，画面呈现由左向右的平移镜头效果。将时间指示器拖曳至0:00:02:00，使用推拉至摄像机POI工具⬇在画面中由中下向上拖曳，此时画面逐渐放大，如图6-41所示，画面呈现图像逐渐放大的推镜头效果。将时间指示器拖曳至0:00:02:24，使用平移摄像机POI工具⊞将摄像机向右移至合适位置，如图6-42所示，画面呈现由左向右的平移镜头效果。完成摄像机动画的制作，效果如图6-43所示。

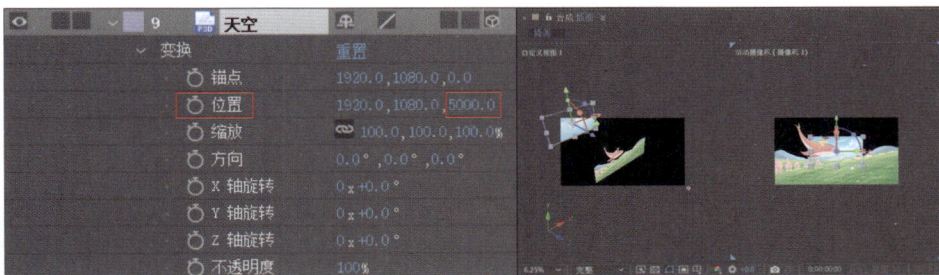

图6-36

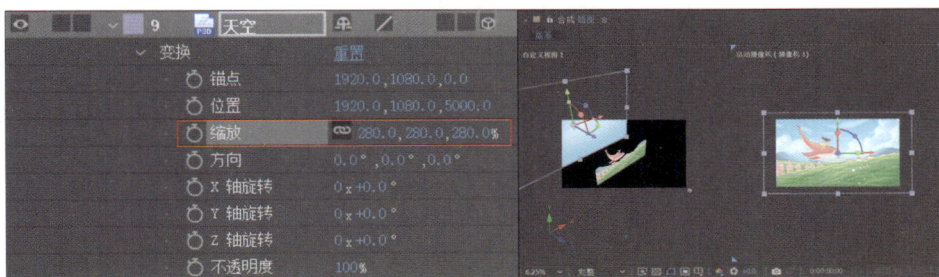

图6-37

图6-38

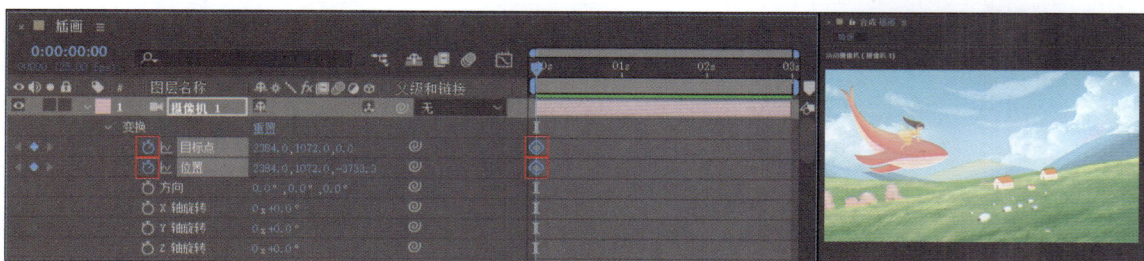

图6-39

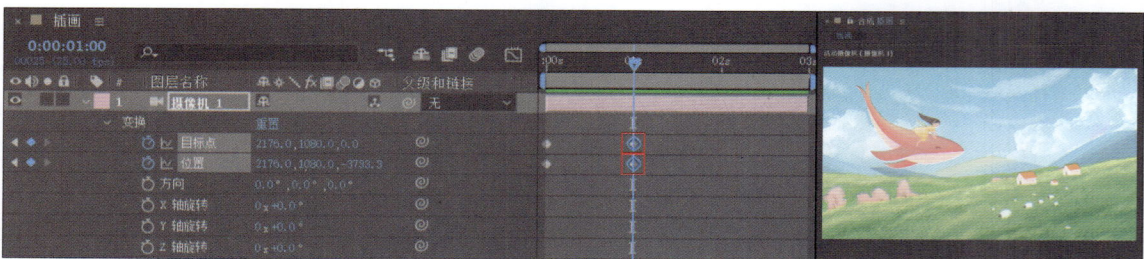

图6-40

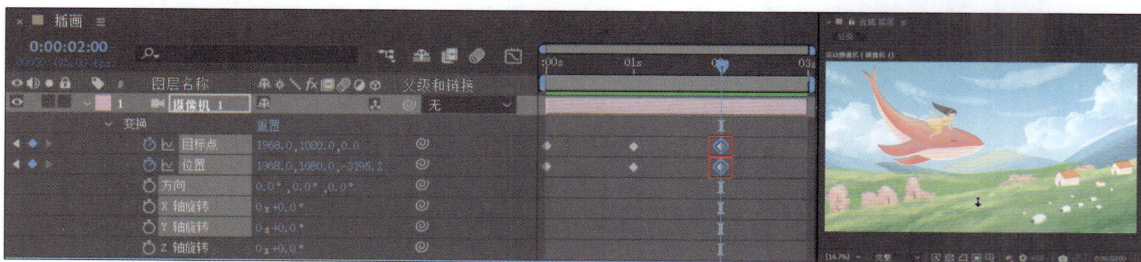

图6-41

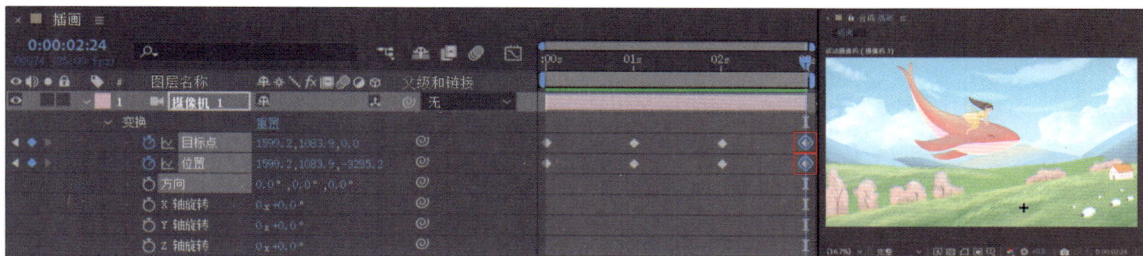

图6-42

图6-43

课堂讨论

综合运用多种运镜技巧，并结合不同的摄像机工具进行练习，总结使用经验，说出来与大家分享。

6.4　思考与练习

一、单选题

1. 在After Effects中，关于三维图层的描述正确的是（　　　）。
   - A．三维图层不能进行旋转和缩放
   - B．形状图层可以转换为三维图层
   - C．文本图层不能转换为三维图层
   - D．一旦图层被转换为三维图层就无法再转换回二维图层

2.（　　　）是从一个点发出的全向光，类似电灯泡或蜡烛发出的光。
   - A．平行光　　　　B．聚光　　　　C．点光　　　　D．环境光

3.（　　　）用于根据摄像机的位置进行推拉操作，从而改变视图或对象的大小和位置。
   - A．绕光标旋转工具
   - B．绕场景旋转工具
   - C．平移摄像机POI工具
   - D．推拉至摄像机POI工具

二、判断题

1. 除了音频图层以外，其他图层（如视频图层、文本图层、形状图层等）都可以转换为三维图层。（　　　）

2. 在进行三维创作时，可以多视图方式观察三维空间。（　　　）

3. 在三维图层中，"位置"属性中Y轴的值决定了图层在三维空间中的前后位置。（　　　）

三、操作题

1. 创建灯光图层，调整灯光的颜色、强度和位置，观察灯光对图层的影响。

2. 创建摄像机图层，使用摄像机工具在三维空间中移动摄像机，观察图层如何随着摄像机的移动而移动。

6.5 项目实训：制作云层穿梭效果

【实训目标】

本实训的目标是制作一个展现云层穿梭效果的视频，旨在实现强烈的视觉深度感与逼真的动态穿梭效果，帮助读者熟练掌握 After Effects 的三维图层与摄像机系统。

【实训步骤】

准备背景透明的云层素材，将其导入 After Effects 并转换为三维图层，调整其在三维空间中的位置，接着创建一个摄像机图层，通过制作摄像机动画来实现云层穿梭的效果，如图 6-44 所示。下面介绍一下具体的操作步骤。

图6-44

（1）新建项目，在"项目"面板中的空白处单击鼠标右键，在弹出的快捷菜单中选择"新建合成"命令。在弹出的"合成设置"对话框中设置"合成名称"为"合成1"，"宽度"为1920像素，"高度"为1080像素，"像素长宽比"为"方形像素"，"帧速率"为25帧/秒，"持续时间"为0:00:03:00，"背景颜色"为黑色，单击"确定"按钮创建合成。

（2）在菜单栏中选择"图层">"新建">"纯色"命令，创建"蓝色 纯色 1"图层，在"效果和预设"面板中搜索"渐变"，选择"梯度渐变"效果，并将其拖曳至"蓝色 纯色 1"图层上，在"效果控件"面板中展开"梯度渐变"，分别设置"起始颜色"（色值为"R：10，G：62，B：158"）和"结束颜色"（色值为"R：27，G：176，B：240"），如图6-45所示。

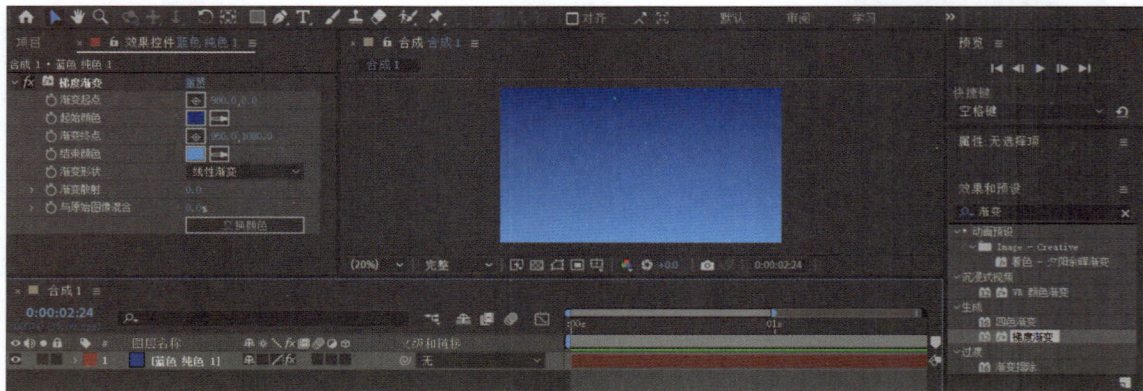

图6-45

（3）将素材文件"云1.png"～"云5.png"（素材文件\第6章\云层穿梭）导入"项目"面板，并拖曳到"时间轴"面板中。选中所有云层图层并将它们转换为三维图层。为了更方便地观察和调整，开启2个视图，将左视图设置为"自定义视图1"，将右视图设置为"活动摄像机"。按"P"键以显示这些图层的"位置"属性，然后调整Z轴的"位置"属性来改变每个图层的前后空间关系，如图6-46所示。

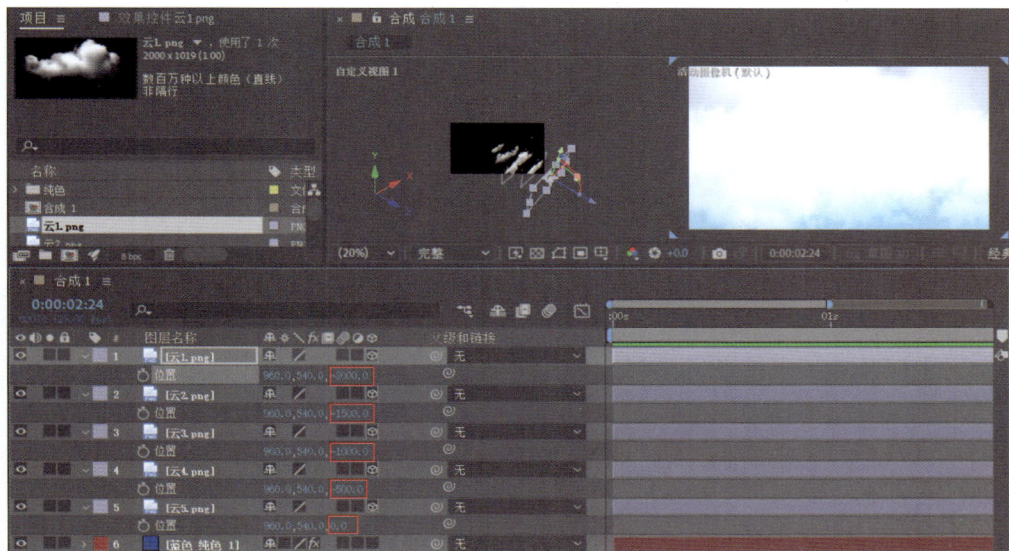

图6-46

（4）在菜单栏中选择"图层">"新建">"摄像机"命令，创建一个双节点摄像机图层，如图6-47所示。

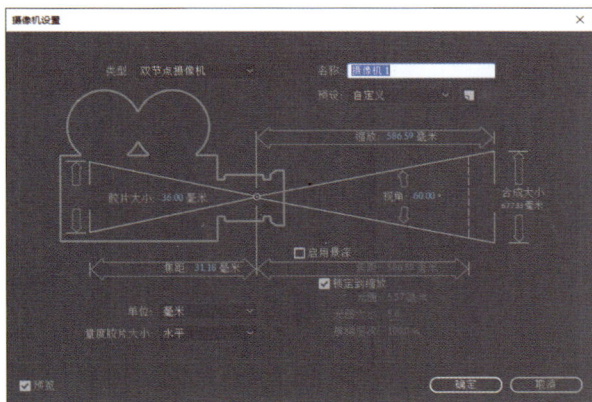

图6-47

（5）在菜单栏中选择"图层">"新建">"空对象"命令，创建"空1"图层，将其转换为三维图层。将"摄像机1"图层的"父级和链接"设置为"空1"，如图6-48所示。

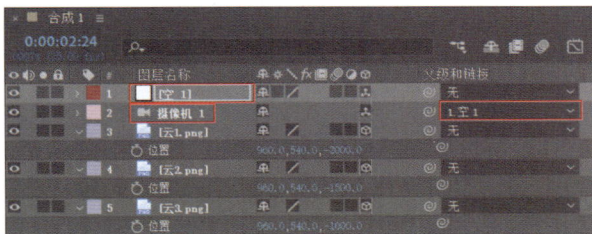

图6-48

（6）在"时间轴"面板中选中"空1"图层，按"P"键显示该图层的"位置"属性，将时间指示器拖曳至0:00:00:00，单击"位置"前的"时间变化秒表"按钮🕐，添加一个关键帧，设置"位置"为"960.0，540.0，300.0"；将时间指示器拖曳至0:00:02:24，设置"位置"为"960.0，540.0，1400.0"，此处自动添加一个关键帧，如图6-49所示。

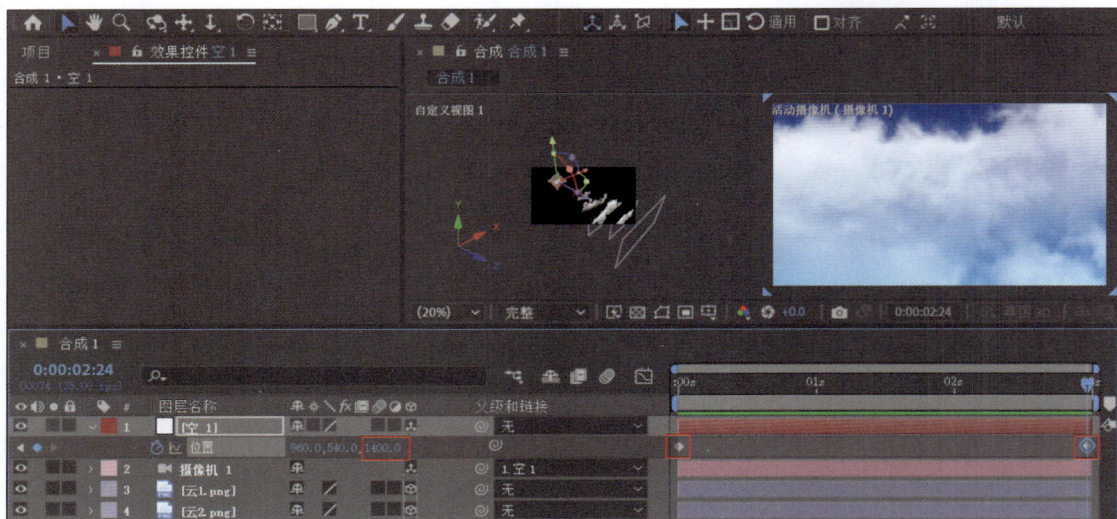

图6-49

第 **7** 章

跟踪运动与跟踪摄像机

本章导读

　　利用After Effects中的跟踪运动与跟踪摄像机，能够精确地捕捉和跟踪视频中的物体、角色或摄像机的运动轨迹，并将这些运动数据应用于其他元素上，如文字、图片、特效等，从而实现元素与视频内容的无缝融合，提升整体视觉效果。本章将重点讲解跟踪运动中的一点跟踪、两点跟踪和四点跟踪的使用方法，以及跟踪摄像机的特效合成技巧。

学习目标

- 了解跟踪运动的概念及作用
- 了解跟踪摄像机的概念及作用
- 掌握跟踪运动的创建方法及应用
- 掌握跟踪摄像机的创建方法及应用

7.1 跟踪运动

跟踪运动在影视后期制作、动画制作以及视觉特效领域是一个常用的技术。它指的是使用软件对视频或图像序列中的特定对象进行自动或半自动的跟踪分析。在这个过程中，软件会分析对象的运动路径，并根据这些分析数据自动创建一系列的关键帧，这些关键帧记录了对象在不同时间点上的属性。这些分析数据（包括关键帧信息）可以被用来控制其他图层或元素，使它们能够跟随跟踪目标运动。这种技术广泛应用于制作复杂的视觉效果，比如将一个虚拟的物体（如文字、标志、特效等）放置在真实场景中，并使其看起来像是与场景中的实际对象（如演员、车辆等）有真实的交互和相对运动。

After Effects 中的跟踪运动包括一点跟踪、两点跟踪和四点跟踪等。具体使用哪种，通常取决于要跟踪的内容、目标效果以及素材的复杂程度。

7.1.1 一点跟踪

一点跟踪适用于仅需要跟踪对象位置变化的场景。被跟踪素材中需要有一个发生明显运动变化的点，并且这个点与周围环境的反差比较大，如跟踪一个稳定移动的物体或人脸。一点跟踪的具体操作方法如下。

1. 设置跟踪点

（1）准备跟踪素材和被跟踪素材。导入素材"奔跑.mp4"（素材文件\第7章），将"奔跑.mp4"拖曳到"时间轴"面板作为被跟踪素材，使用横排文字工具 **T** 输入"青春飞扬"作为跟踪素材，如图7-1所示。

（2）选择跟踪方式。在菜单栏中选择"窗口">"跟踪器"命令，打开"跟踪器"面板。在"时间轴"面板中选择"奔跑.mp4"图层，在"跟踪器"面板中单击"跟踪运动"按钮，设置"跟踪类型"为"变换"，接着在其下方勾选"位置"复选框，视频画面中出现一个"跟踪点1"（跟踪点由"搜索区域""特性区域""附加点"组成），如图7-2所示。

搜索区域： 是为被跟踪区域在前后帧的位置变化所预留的搜索空间。缩小搜索区域可节省跟踪时间，但会增大失去跟踪目标的风险。

特性区域： 是图层中被跟踪的、含有一个明显的视觉元素的区域，这个区域需要在整个跟踪阶段都能被清晰辨认。

附加点： 用来指定跟踪点的附加位置。

💡 **提示与技巧**

在开始跟踪前，用户需要查看并确认素材内的所有画面以确定最佳跟踪目标。跟踪目标具有以下特征：①持续可见，确保在整个素材中都能被跟踪系统识别和锁定；②与背景对比鲜明，无论是明亮度、颜色还是形状，都应与周围环境形成显著差异，以便于跟踪算法区分。

（3）设置跟踪点。使用跟踪运动时，需要调整跟踪点的搜索区域、特性区域及附加点，可使用选取工具 ▶ 分别或共同调整这些属性。在移动特性区域时，特性区域内的图像会放大到400%，以便更为精确地定义跟踪区域。将"跟踪点1"拖曳到人物的头部位置，如图7-3所示。

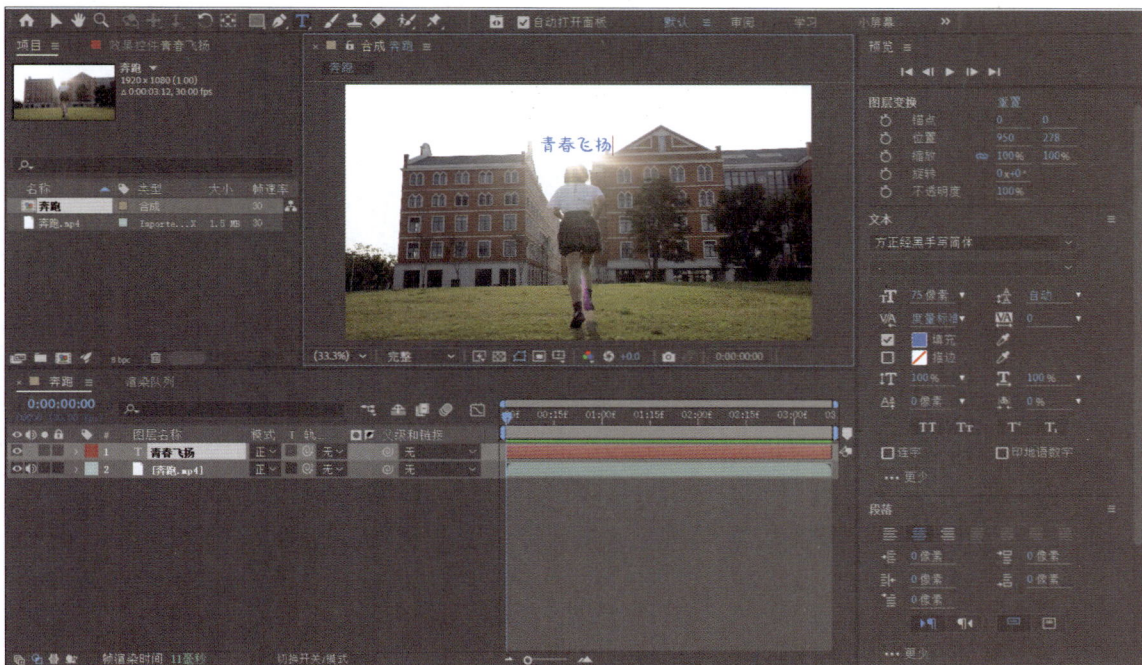

图7-1

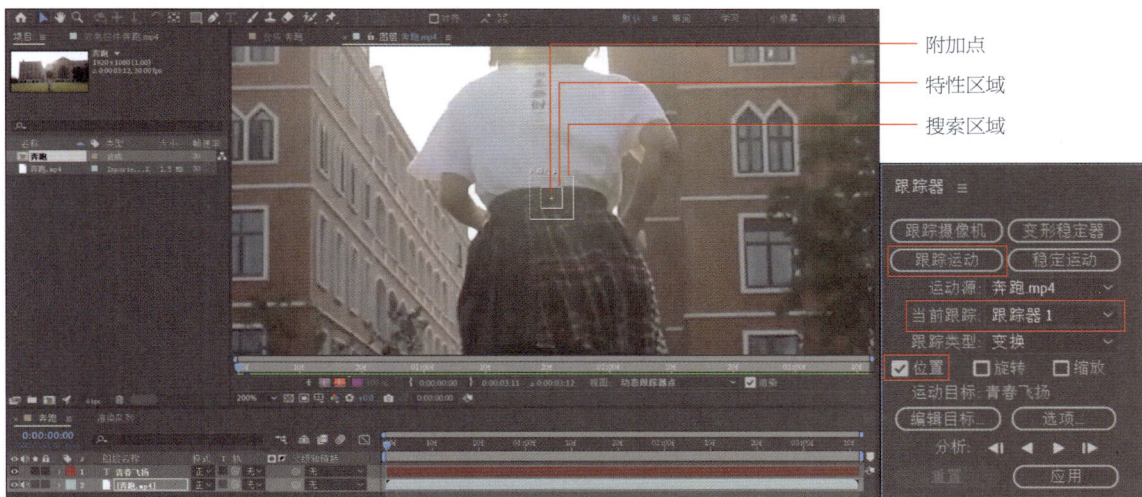

图7-2

附加点
特性区域
搜索区域

💡 **提示与技巧**

　　设置跟踪点时需要注意，选择画面中颜色对比越明显的位置作为跟踪点，跟踪运动越准确。若跟踪点与附近的颜色对比较弱，就很容易在跟踪时出现跟踪错误、跟踪偏移等问题。在跟踪过程中要实时观察跟踪点的运动和变化，确保跟踪的准确性，如果发现跟踪出现偏差，应及时调整跟踪点或重新选择跟踪点。

2．分析跟踪路径

　　"跟踪器"面板中的分析工具从左到右依次为"向后分析1个帧""向后分析""向前分析""向前分析1个帧"，我们可以根据需求选择分析工具，分析某个时间方向的所有跟踪运动。将时间指示器放置在视频素材开始位置，单击"向前分析"按钮▶，如图7-4所示，After Effects 将自动分析一点跟踪路径，可以看到由跟踪产生的一系列关键帧（可以手动调整这些关键帧的位置），如图7-5所示。

图7-3

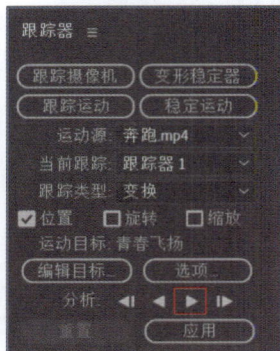

图7-4

图7-5

3. 应用跟踪数据

（1）在"时间轴"面板中选中"奔跑.mp4"图层，在"跟踪器"面板中单击"编辑目标"按钮，在弹出的"运动目标"对话框中选中"图层"单选项，在右侧的下拉列表中选择"1.青春飞扬"选项，如图7-6所示。

（2）在"跟踪器"面板中单击"应用"按钮，弹出"动态跟踪器应用选项"对话框，在"应用维度"下拉列表中选择"X和Y"选项，如图7-7所示。

图7-6

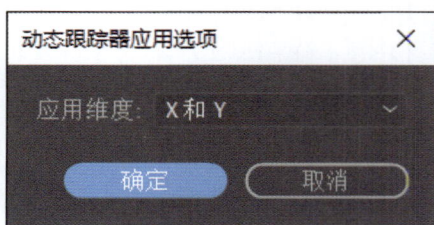

图7-7

一点跟踪效果如图7-8所示。

图7-8

7.1.2 两点跟踪

两点跟踪适用于跟踪对象在二维平面上的位置、旋转及比例变化。两点跟踪与一点跟踪的应用方法基本相同，不同点在于选择跟踪方式和设置跟踪点，具体操作如下。

在"时间轴"面板中选择"人物.mp4"图层，在"跟踪器"面板中单击"跟踪运动"按钮，设置"跟踪类型"为"变换"；接着在其下方勾选"位置"复选框和"旋转"复选框（勾选两个复选框将出现两个跟踪点），将两个跟踪点移到人物眼睛的位置，将时间指示器放置在视频素材开始位置，单击"向前分析"按钮▶，After Effects 将自动分析两点跟踪路径，如图7-9所示。

图7-9

7.1.3 四点跟踪

四点跟踪（也称为边角定位跟踪）适用于跟踪对象的旋转、倾斜和变形等复杂运动。通过跟踪对象的4个角点，可以精确地还原对象的运动轨迹和形态变化。

在"时间轴"面板中选择"笔记本.mp4"图层，在"跟踪器"面板中单击"跟踪运动"按钮，设置"跟踪类型"为"透视边角定位"；此时画面出现4个跟踪点，将4个跟踪点移至笔记本电脑屏幕的4个相应的边角位置，将时间指示器放置在视频素材开始位置，单击"向前分析"按钮▶，After Effects 将自动分析四点跟踪路径，如图7-10所示。

图7-10

　　练习使用After Effects的跟踪运动功能，并思考该功能可以用于制作哪些动画效果，说出来与大家分享。

7.1.4　课堂案例——跟踪替换液晶显示屏内容

　　本案例将使用四点跟踪制作一个替换液晶显示屏内容的动态视频，具体操作步骤如下。

　　（1）在菜单栏中选择"文件"＞"导入"＞"文件"命令，将素材"液晶显示屏.mp4"和"自驾游.mp4"（素材文件\第7章）导入"项目"面板。

　　（2）将素材"液晶显示屏.mp4"拖曳到"时间轴"面板，"项目"面板中自动新建一个同名的合成，如图7-11所示。

7-1　跟踪替换液晶显示屏内容

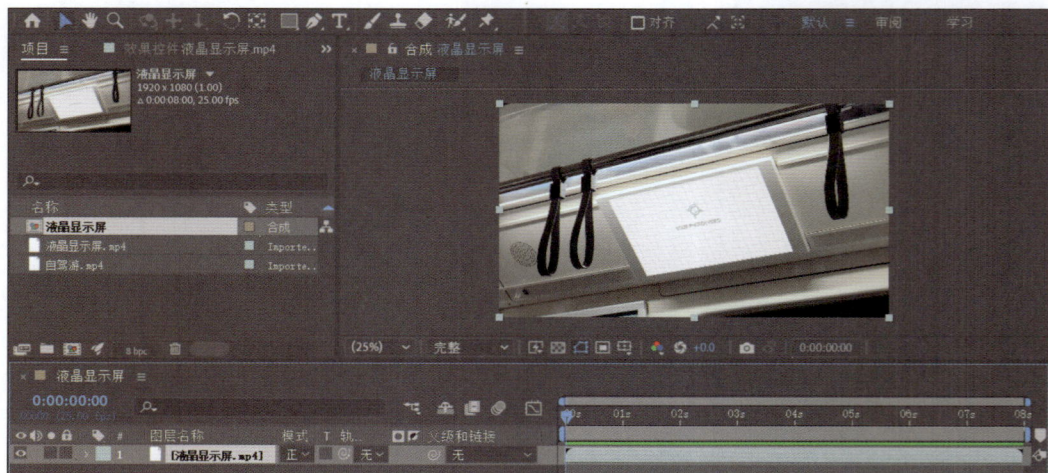

图7-11

（3）选中"液晶显示屏.mp4"图层，在"跟踪器"面板中单击"跟踪运动"按钮，设置"跟踪类型"为"透视边角定位"，此时画面中出现4个跟踪点，如图7-12所示。

图7-12

（4）将4个跟踪点移至液晶显示屏4个相应的边角位置，将时间指示器放置在视频素材开始位置，单击"向前分析"按钮▶，After Effects将自动分析四点跟踪路径，如图7-13所示。

图7-13

（5）将素材"自驾游.mp4"拖曳到"时间轴"面板，"合成"面板中将显示该素材，如图7-14所示。选中"液晶显示屏.mp4"图层，在"跟踪器"面板中单击"跟踪运动"按钮，在"当前跟踪"中选择"跟踪器1"，然后单击"编辑目标"按钮，在弹出的"运动目标"对话框中选中"图层"单选项，在右侧的下拉列表中选择"自驾游.mp4"选项，如图7-15所示。在"跟踪器"面板中单击"应用"按钮，可以看到"自驾游.mp4"已嵌入显示屏，拖曳时间指示器，查看跟踪效果，如图7-16所示。

图7-14

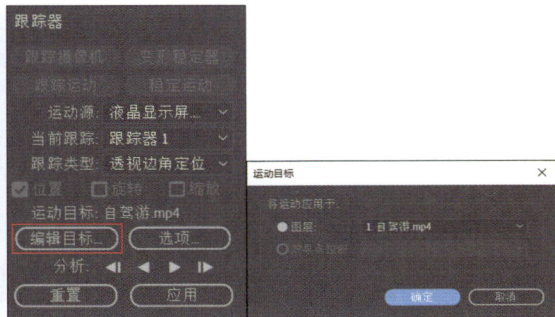

图7-15

113

图7-16

7.2 跟踪摄像机

跟踪摄像机是指通过分析动态素材中的多种图像特征（包括颜色、形状、边缘等）来跟踪摄像机的运动。它通过分析运动画面，反算出拍摄该画面的摄像机的位置和运动轨迹。在跟踪过程中找到图像中稳定且可识别的特征点（通常被称为跟踪点），进而构建出摄像机的运动轨迹和虚拟空间中的固定参考面，以实现与实拍视频的无缝融合或特效制作。跟踪摄像机可以用于在拍摄的视频素材中添加文字或其他元素，并且素材可以跟着摄像机镜头的运动而运动。

7.2.1 分析素材

在"时间轴"面板中选择被跟踪的素材（素材文件\第7章\城市夜景.mp4），在"跟踪器"面板中单击"跟踪摄像机"按钮，如图7-17所示，After Effects将开始分析。在"效果控件"面板中可以查看分析进度，并且可以设置跟踪摄像机的相关参数，如图7-18所示。

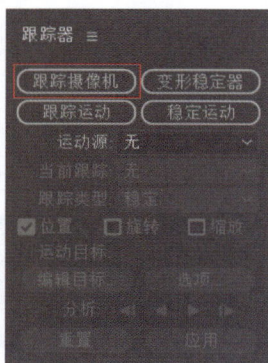

图7-17

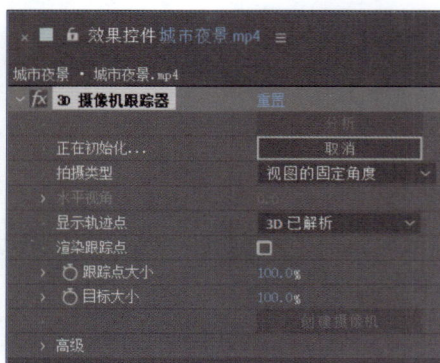

图7-18

7.2.2 选择跟踪点

完成素材分析后，"合成"面板中的视频画面上布满了多种颜色的跟踪点，这些点代表视频中已被识别和持续跟踪的特征点，如图7-19所示。跟踪点的颜色通常能直观反映跟踪的稳定性，如绿色往往代表跟踪稳定、可靠，而红色则意味着跟踪状态不够稳定，因此，在实际操作中应优先挑选绿色的跟踪点。将鼠标指针悬停在某个跟踪点附近，或圈选多个跟踪点时，会出现一个类似靶心的"圆心目标"指示器。该指示器的主要功能是展示由所选跟踪点共同定义的平面，如图7-20所示。通过观察"圆心目标"的显示状态，我们可以更加精准地挑选出合适的跟踪点组合。

图7-19　　　　　　　　　　　　　　　　　图7-20

此外，在选择跟踪点时，务必通过拖曳时间指示器进行预览，以确保所选跟踪点相对于被跟踪的素材是静止不变的，并且在整个视频中都能持续可见，从而保证跟踪的准确性和连贯性。单击以选中跟踪点或拖曳以圈选跟踪点（圈选能快速选中多个跟踪点，另外通过拖曳圈选，用户可以更精确地控制哪些点被用于跟踪，从而确保跟踪的准确性和稳定性），如图7-21所示。

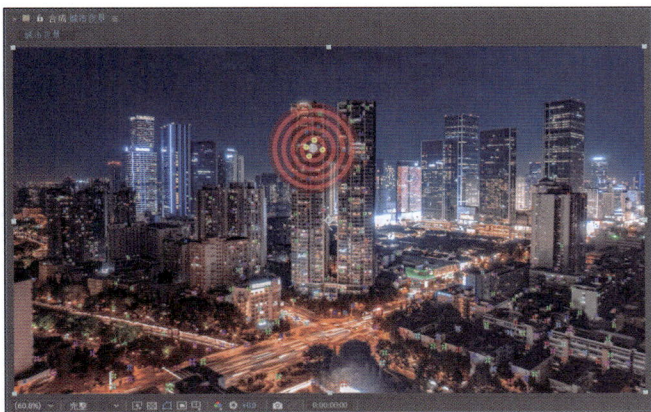

图7-21

7.2.3 添加、调整跟踪内容

在"圆心目标"指示器上单击鼠标右键，可在弹出的快捷菜单中选择要添加的跟踪内容，如图7-22所示。在"时间轴"面板中，用户可以对跟踪内容的"变换"属性进行设置，如图7-23所示，使跟踪内容完美融入并适应视频画面的布局，从而达到预期的视觉效果。

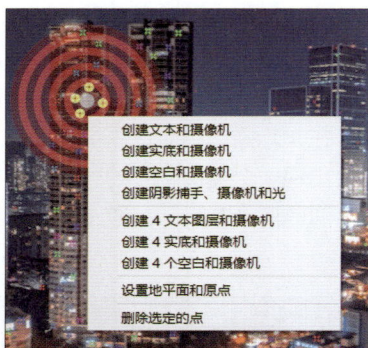

图7-22

图7-23

📋 **课堂讨论**

　　练习使用After Effects的跟踪摄像机功能，并思考使用该功能可以制作哪些动画效果，说出来与大家分享。

7.2.4　课堂案例——制作文字跟踪效果

　　本案例将使用跟踪摄像机功能在具有镜头运动的视频中合成文字，并实现文字跟随镜头运动的效果，具体操作步骤如下。

　　（1）新建项目，在菜单栏中选择"文件"＞"导入"＞"文件"命令，将素材"桥.mp4"（素材文件\第7章）导入"项目"面板。

　　（2）将"桥.mp4"拖曳到"时间轴"面板中，"项目"面板中自动新建一个同名的合成，如图7-24所示。

7-2　制作文字跟踪效果

图7-24

　　（3）播放视频，在0:00:03:00的位置，使用"拆分图层"命令，将其裁剪为两段并删除第二段视频，如图7-25所示。

图7-25

（4）选中"时间轴"面板中的"桥.mp4"图层，将时间指示器移至视频开始位置，在"跟踪器"面板中单击"跟踪摄像机"按钮，如图7-26所示，可以看到画面提示正在进行分析，如图7-27所示。等待一段时间，画面提示"解析摄像机"，如图7-28所示。

（5）等待一段时间，可以看到素材上出现了很多彩色的跟踪点，拖曳时间指示器查看视频素材，仔细观察找到合适的跟踪点，然后将时间指示器拖曳至目标跟踪点首次出现的帧，将鼠标指针移动到素材上，单击靶心，选中跟踪点，画面中出现了3个黄色的点，如图7-29所示。单击鼠标右键，在弹出的快捷菜单中选择"设置地面和原点"命令，重复操作，选择"创建文本和摄像机"命令，如图7-30所示。

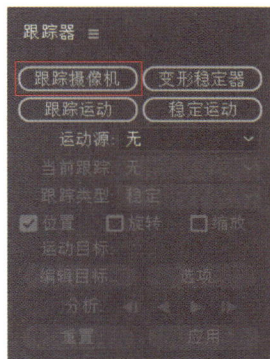

图7-26

图7-27

图7-28

图7-29

图7-30

（6）画面中出现了"文本"字样，如图7-31所示。双击"时间轴"面板中的文本图层，在"合成"面板中使用横排文字工具 **T** 修改文字内容，如图7-32所示。

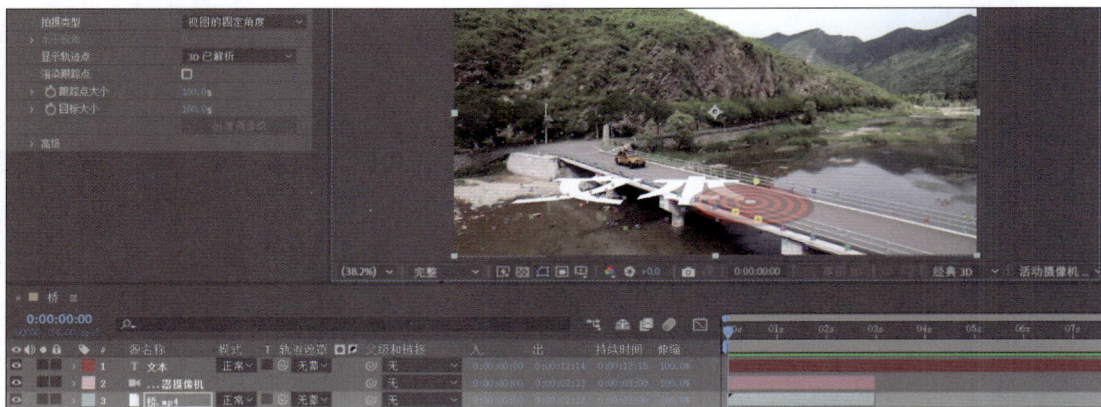

图7-31

图7-32

（7）选择"时间轴"面板中的文本图层，展开"变换"属性，设置"位置""缩放""方向""X轴旋转"等参数，使文字内容适应视频画面的布局，如图7-33所示。

图7-33

（8）拖曳时间指示器，可以看到文字跟随视频画面运动，如图7-34所示。将合成的"持续时长"更改为0:00:03:00，完成本案例的制作。

图7-34

7.3　思考与练习

一、单选题

1. 跟踪运动和跟踪摄像机的设置是在（　　　）面板中进行的。
   A. 项目　　　　　B. 时间轴　　　C. 合成　　　　　D. 跟踪器
2. 跟踪运动需要设置（　　　）指定跟踪目标。
   A. 关键帧　　　B. 跟踪点　　　C. 摄像机　　　D. 图层
3. 在使用跟踪摄像机时，选择（　　　）命令可以添加文字内容。
   A. 创建文本和摄像机
   B. 创建实底和摄像机
   C. 创建空白和摄像机
   D. 创建阴影捕手、摄像机和光

二、判断题

1. 使用跟踪运动功能时，需要手动选择图像中的跟踪点。（　　　）
2. 跟踪摄像机功能只能用于创建虚拟摄像机效果，无法与真实摄像机结合使用。（　　　）
3. 跟踪摄像机可以用于在拍摄的视频素材中添加文字。（　　　）

三、操作题

1. 使用素材文件"手机.mp4"和"人物.mp4"（素材文件\第7章\思考与练习）制作一个跟踪运动动画。
2. 使用素材文件"公路.mp4"（素材文件\第7章\思考与练习）制作一个跟踪摄像机动画。

7.4　项目实训：制作跟踪指示文字

【实训目标】

本实训的目标是应用跟踪运动技术，以实现对视频中特定物体或区域的精确追踪，并能够在追踪目标附近添加指示文字，从而增强视频传递信息和引导观众的效果。

【实训步骤】

首先，绘制指示线和文字并使用关键帧制作动画。接着，将指示线和文字通过"预合成"命令合并成一个图层。选取一个包含需跟踪物体的视频素材，明确跟踪目标，创建一点跟踪，将跟踪数据应用到指示文字上。本实训效果如图7-35所示，下面介绍一下具体的操作步骤。

图7-35

（1）新建项目，在菜单栏中选择"文件"＞"导入"＞"文件"命令，将素材"城市.mp4"（素材文件\第7章）导入"项目"面板。

（2）将"城市.mp4"拖曳到"时间轴"面板中，"项目"面板中会自动新建一个同名的合成，如图7-36所示。

图7-36

（3）选择钢笔工具，设置"填充"为"无"，"描边"为白色（色值为"R：255，G：255，B：255），"描边大小"为3像素，在画面中绘制指示线，如图7-37所示。在"时间轴"面板中，展开"形状图层1"图层，单击"添加"右侧的按钮，在弹出的快捷菜单中选择"修剪路径"命令，如图7-38所示。展开"修剪路径1"，将时间指示器拖曳至0:00:00:00，单击"结束"前的"时间变化秒表"按钮，添加一个关键帧，设置"结束"为"0.0%"；将时间指示器拖曳至0:00:01:00，设置"结束"为"100.0%"，此处自动添加一个关键帧，如图7-39所示，制作指示线慢慢出现的效果。

图7-37

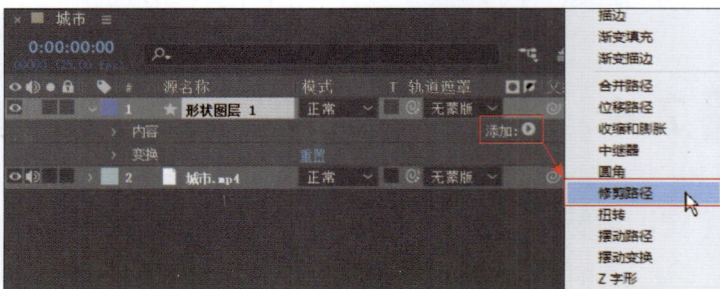

图7-38

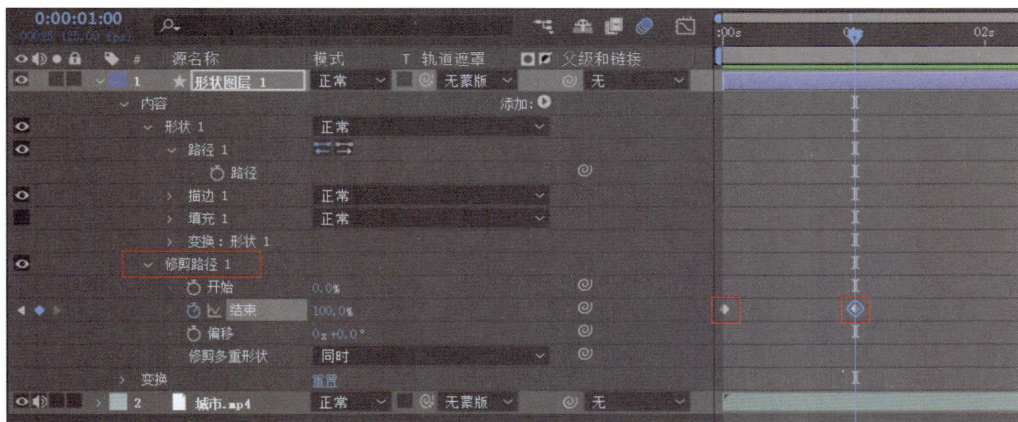

图7-39

（4）在未选择图层的情况下，选择椭圆工具◯，设置"填充"为白色（色值为"R：255，G：255，B：255"），"描边"为"无"，按住"Shift"键拖曳以绘制圆形，如图7-40所示。在"时间轴"面板中，展开"形状图层2"图层的"变换"，将时间指示器拖曳至0:00:00:00，单击"不透明度"前的"时间变化秒表"按钮◯，添加一个关键帧，设置"不透明度"为"0%"。将时间指示器拖曳至0:00:00:05，设置"不透明度"为"100%"，此处自动添加一个关键帧，如图7-41所示，制作圆点逐渐显示的效果。

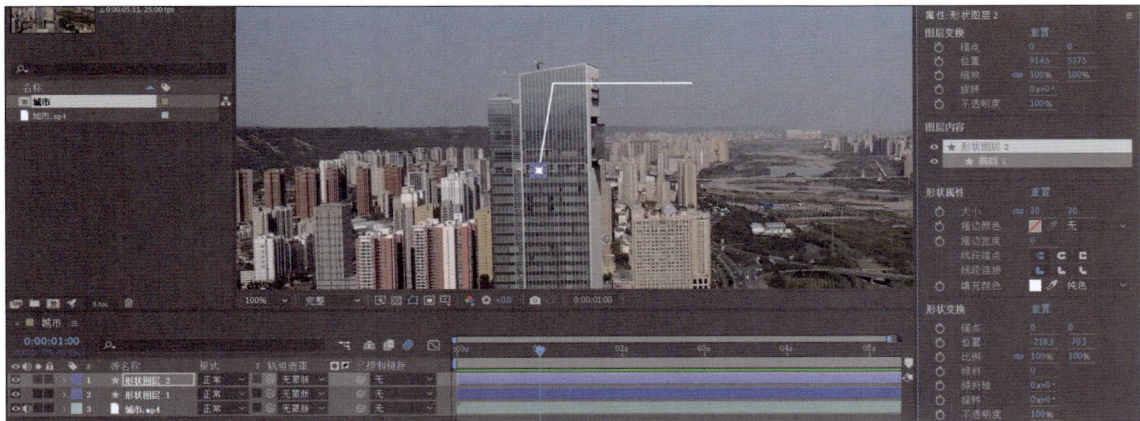

图7-40

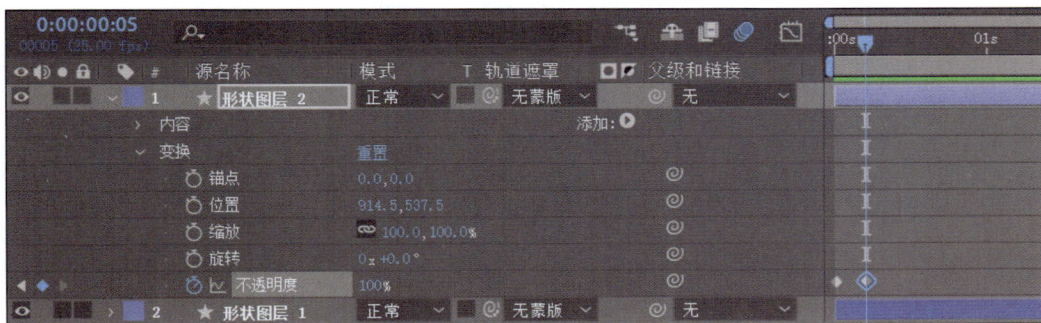

图7-41

（5）使用横排文字工具 **T** 在指示线的右侧输入文字，设置"字体"为"方正兰亭特黑简体"，"字体大小"为"50像素"，"填充颜色"为蓝色（色值为"R：0，G：150，B：255"），"描边"为

"无"，"字符间距"为"100"，如图7-42所示。在"时间轴"面板中，展开"智慧城市发展"图层的"变换"，将时间指示器拖曳至0:00:01:05，单击"不透明度"前的"时间变化秒表"按钮◯，添加一个关键帧，设置"不透明度"为"0%"。将时间指示器拖曳至0:00:01:10，设置"不透明度"为"100%"，此处自动添加一个关键帧，如图7-43所示，制作文字逐渐显示的效果。

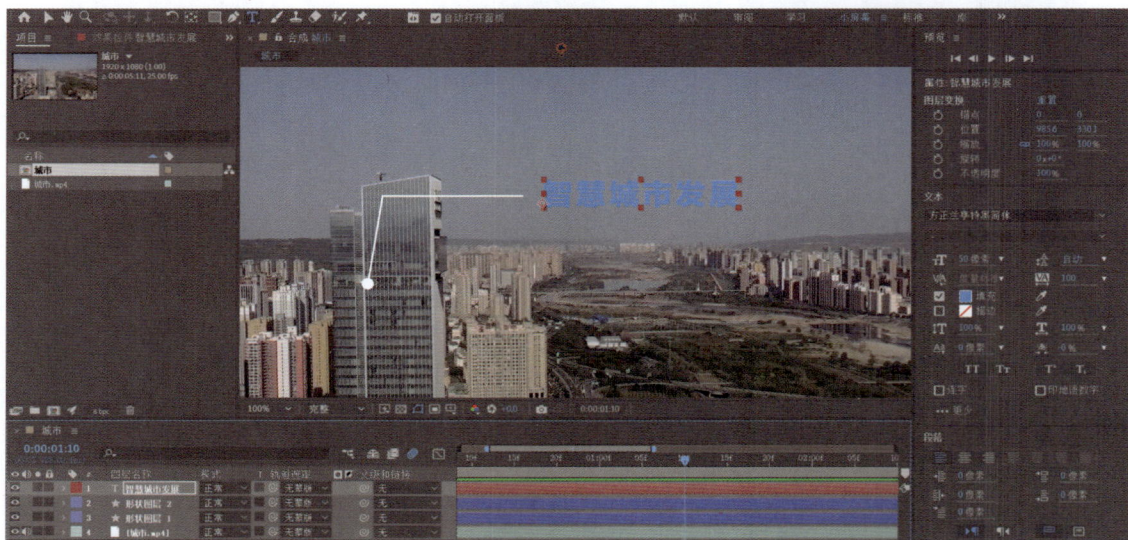

图7-42

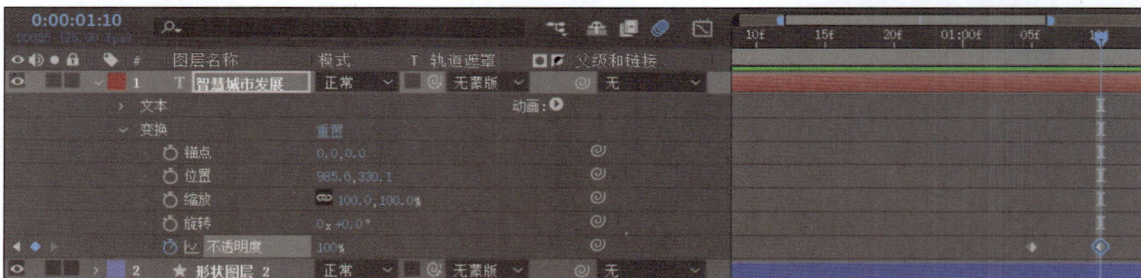

图7-43

（6）选择矩形工具▭，设置"填充"为白色（色值为"R: 255，G: 255，B: 255"），"描边"为"无"，在文字图层的下方绘制一个矩形，如图7-44所示。选中文字图层和"形状图层 3"图层，在"对齐"面板中单击"水平对齐"按钮▣和"垂直对齐"按钮▣，如图7-45所示。

图7-44

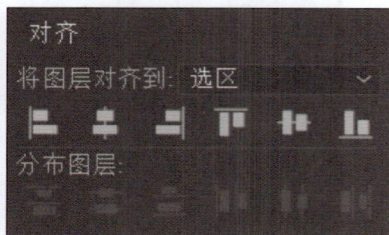

图7-45

（7）在"形状图层 3"图层的上方绘制一个矩形，重命名为"遮罩"，如图7-46所示。在"形状图层 3"图层的"轨道遮罩"下拉列表中选择"遮罩"，然后反转遮罩，如图7-47所示。展开"遮罩"图层的"变换"属性，将时间指示器拖曳至0:00:01:10，单击"位置"前的"时间变化秒表"按钮◯，添加一个关键帧，设置"位置"属性，使遮罩完全遮挡白色矩形，如图7-48所示；将时间指示器拖曳至0:00:01:15，设置"位置"属性，使遮罩完全离开白色矩形，如图7-49所示，制作白色矩形从左到右逐渐出现的效果。

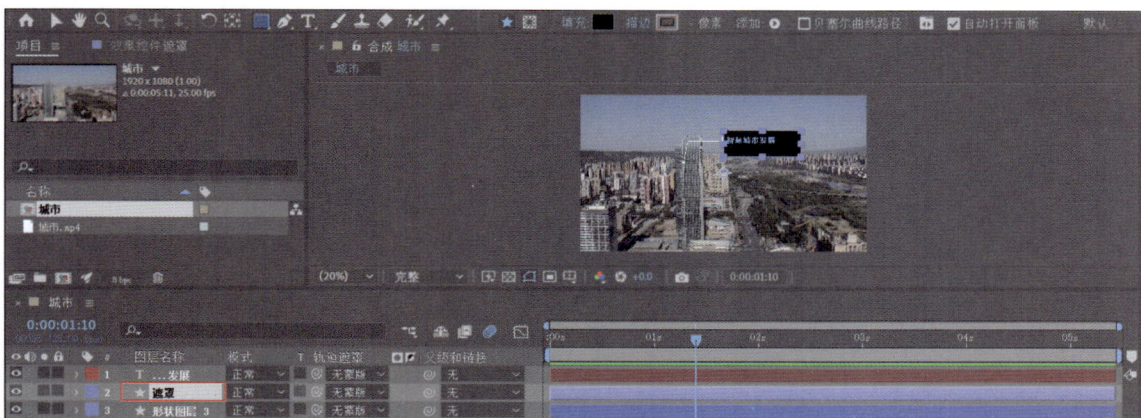

图7-46

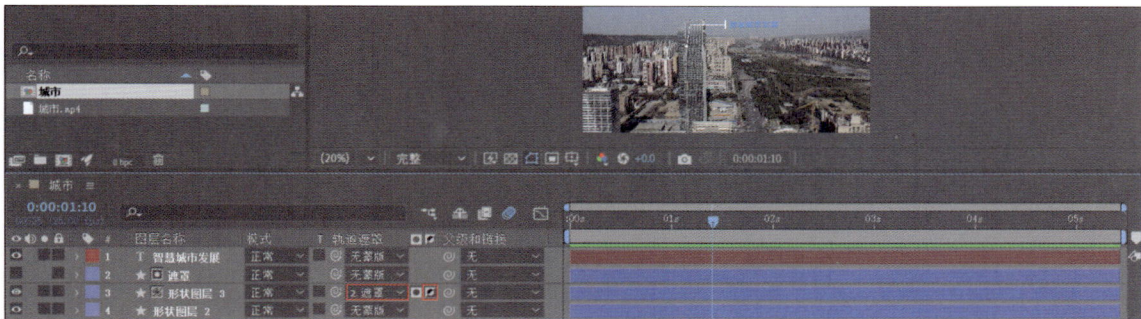

图7-47

图7-48

图7-49

（8）在"时间轴"面板中选中除"城市.mp4"图层外的所有图层，单击鼠标右键，在弹出的快捷菜单中选择"预合成"命令，如图7-50所示，将预合成命名为"文字"，如图7-51所示。

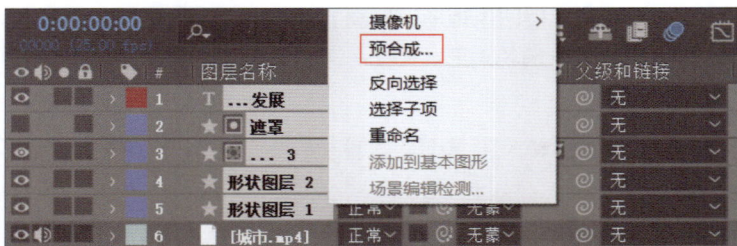

图7-50

图7-51

提示与技巧

使用 After Effects 中的"预合成"命令，可将多个图层合并为一个新合成图层，实现统一管理，从而提高编辑效率并优化渲染。用户可以通过"Ctrl+Shift+C"组合键、"图层"菜单或右键菜单轻松创建预合成，并在其中编辑图层属性和应用效果，适用于复杂项目的组织和优化。

（9）在工具栏中选择向后平移（锚点）工具 ![icon]，调整锚点的位置到圆点，如图7-52和图7-53所示。

图7-52

图7-53

（10）在"时间轴"面板中选择"城市.mp4"图层，在"跟踪器"面板中单击"跟踪运动"按钮，设置"跟踪类型"为"变换"，接着在下方勾选"位置"复选框，视频画面中出现一个"跟踪点1"，将"跟踪点1"拖曳至圆点出现的地方，如图7-54所示。将时间指示器拖曳至视频素材开始位置，单击"向前分析"按钮 ![icon]，After Effects 将自动分析跟踪路径，如图7-55所示。

图7-54

图7-55

（11）在"跟踪器"面板中单击"编辑目标"按钮，在弹出的"运动目标"对话框中选中"图层"单选项，在右侧的下拉列表中选择"1.文字"选项，如图7-56所示。单击"应用"按钮，弹出"动态跟踪器应用选项"对话框，在"应用维度"下拉列表中选择"X和Y"，如图7-57所示。完成本案例的制作，如图7-58所示。

图7-56

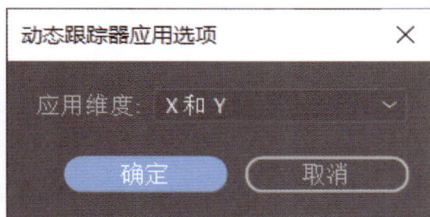

图7-57

图7-58

第 **8** 章

色彩处理

本章导读

在视频制作的过程中，画面色彩的处理至关重要，它是视觉吸引力的源泉，更是情感传达与作品氛围营造的关键。本章将深入浅出地解析色彩的基本原理，并讲解After Effects中一系列高效且常用的调色效果的应用方法。

学习目标

● 了解色彩的基础知识
● 熟悉调色的目的及注意事项
● 掌握常用调色效果的应用方法

8.1　调色基础

调色是指在图像处理、视频制作中，通过调整色彩的各种属性来改变图像或视频的色彩效果。在使用After Effects进行调色之前，了解色彩的基础知识并明确调色的目的及注意事项至关重要，这不仅能够加深对视频美学处理的理解，还能确保操作过程中遵循正确的色彩管理原则，从而达到预期的视觉效果。

8.1.1　了解色彩的基础知识

色彩的基础知识包括色彩分类、色彩属性以及色彩调性。

1. 色彩分类

色彩可以分为无彩色和有彩色。无彩色一般是指黑色、白色、灰色等色彩，其他色彩都是有彩色，如红色、橙色、黄色、绿色、青色、蓝色、紫色等。

2. 色彩属性

每种色彩都有三大属性：色相、明度、饱和度。

（1）色相

色相即色彩的相貌，平时说的红色、蓝色、绿色等就是指色彩的色相。

不同的色彩能给人的心理带来不同的影响。在进行视频制作时，必须了解色相与情感之间的联系，有目的地运用色彩，以更好地表达设计作品的主题。例如，红色给人喜庆、热烈、激情的感觉，因此红色经常运用在一些节日类视频中，可以在很大程度上烘托氛围；粉色给人纯真、甜蜜、可爱、温馨的感觉，常被用于恋爱故事类视频中；黄色给人温暖、欢快、活跃的感觉，且具有增强食欲感的效果，常被用于美食类视频中。

（2）明度

明度是指色彩的深浅和明暗程度。色彩的明度分为两种：一是同一种色彩有不同的明度，如同一种色彩在强光的照射下显得明亮，而在弱光的照射下显得较灰暗；二是各种色彩有不同的明度，如在相同的观察条件下，浅黄色由于其较高的反射率比深橙色显得更亮，而鲜艳的红色可能比暗淡的紫色更亮。

另外，色彩的明度变化往往会影响饱和度，如在红色中加入黑色以后，红色的明度降低了，饱和度也会降低；如果在红色中加入白色，则红色的明度会提高，而饱和度会降低。

不同明度的色彩能给人不同的感觉。例如，高明度色彩通常给人明朗、华丽或积极的感觉，中明度色彩通常给人柔和、甜蜜、端庄或高雅的感觉，低明度色彩通常给人严肃、谨慎、稳定、神秘、苦闷或沉重的感觉。

（3）饱和度

饱和度是指色彩的鲜艳程度，也称色彩的纯度。饱和度取决于色彩中的含色成分（指除黑色、白色、灰色之外的颜色）和消色成分（指黑色、白色、灰色3种颜色）的比例。消色成分含量低，饱和度就高，色彩就鲜艳。

饱和度的高低决定了画面是否有吸引力。饱和度越高，色彩越鲜艳，画面就越活泼、越引人注意，如图8-1所示；饱和度越低，色彩越朴素，画面就越典雅、越温和，如图8-2所示。

图8-1

图8-2

3. 色彩调性

　　色彩调性即色调，用来表示色彩明度、饱和度的综合状态，它代表着画面色彩的整体倾向。色调的类别很多，按色彩的色相分类，有红色调、黄色调、绿色调、蓝色调、紫色调等；按色彩的明度分类，有亮色调、暗色调、中间色调；按色彩的冷暖分类，有暖色调、冷色调、中性色调；按色彩的纯度分类，有鲜艳的强色调和含灰色的弱色调等。

　　图8-3所示为一个充满阳光与活力的黄色调画面，它不仅传递了色彩的温暖，还激发了人们对美好生活的向往。而图8-4所示的画面则以深邃的蓝色调为主，营造出一种清冷而深远的氛围，是冷色调的绝佳诠释。这两幅作品以不同的色调语言共同展现了色彩调性的无穷魅力。

图8-3

图8-4

8.1.2　调色的目的及注意事项

1. 调色的目的

　　（1）校正视频颜色错误，还原真实场景。调整视频色彩时，最先查看的就是视频整体的颜色有没有"错误"，如偏色（色温不准）、太亮（曝光过度）、太暗（曝光不足）、偏灰、明暗反差过大等。如果出现这些情况，就要通过调色还原成符合人视觉习惯的正常亮度和色彩，以呈现更真实的场景，如图8-5所示。

　　（2）美化细节，提升视觉效果。进一步深入处理视频素材的每一个细节，通过精细调整高光、阴影、饱和度及对比度等参数，增强画面的层次感和清晰度，使画面更加美观，增强观众的视觉体验。调整视频的高光和阴影部分，可以增强画面的立体感和层次感，避免高光部分过曝导致细节丢失，并确保阴影部分有足够的细节可见；调整饱和度和对比度，可以改变画面的鲜艳程度和明暗对比，适度提升饱和度可以使画面更加生动，而合理的对比度则能突出画面的重点元素，使画面更加清晰。

　　（3）帮助元素融入画面。在制作创意合成视频作品时，经常需要在视频中添加一些其他元素，例如为视频画面添加一些装饰元素或为视频更换一个新背景等。当添加的元素与原始画面不统一，颜色突兀，就需要对添加的元素的颜色进行调整，使其很好地融入画面。例如，环境中的元素均为偏暖的色调，而人物则偏冷，这时就需要对色调倾向不同的内容进行调色操作，如图8-6所示。

调整前　　　　　　　　　　　　　　　　　　调整后

图8-5

调整前　　　　　　　　　　　　　　　　　　调整后

图8-6

（4）表达情感与氛围。色彩不仅是视觉的呈现，更是情感的载体。巧妙运用色彩参数，能够深刻传达作品的情感基调与内在意蕴，无论是温暖人心的柔情、冷峻深邃的沉思，还是浪漫唯美的梦境，都能通过色彩的力量触动观众心弦，引发共鸣。

（5）风格化呈现。调色不仅是色彩的调整，更是风格的塑造。通过独特的色彩搭配与处理方式，为视频赋予独特的视觉风格，如复古、科幻、清新等，让作品在众多内容中独树一帜，给观众留下深刻的视觉印象。

2. 调色的注意事项

（1）避免过度调色。调色要适度，避免过度渲染或添加过多的特效。过度调色可能会破坏画面的自然感和真实感，影响观众的观看体验。

（2）保持一致性。在调色过程中，要保持整个视频画面的风格一致，避免不同场景或镜头之间出现明显的色彩差异或风格冲突，以保证视频的整体连贯性和观赏性。

（3）关注细节。在调色过程中要关注细节的调整，如人物肤色、背景色调等。这些细节的调整可以使整体画面更加和谐统一，提升视频的整体质感。

课堂讨论

视频的色调风格多种多样，分享一条你喜欢的视频，并说一说它的调色风格是什么。

8.1.3 课堂案例——创建调整图层

在After Effects中，调整图层功能强大，它赋予了用户非破坏性的调整色彩与效果的能力。创建调整图层的方法如下。

在"时间轴"面板中的空白处单击鼠标右键，在弹出的快捷菜单中选择"新建" > "调整图层"命令，如图8-7所示。

8-1 创建调整图层

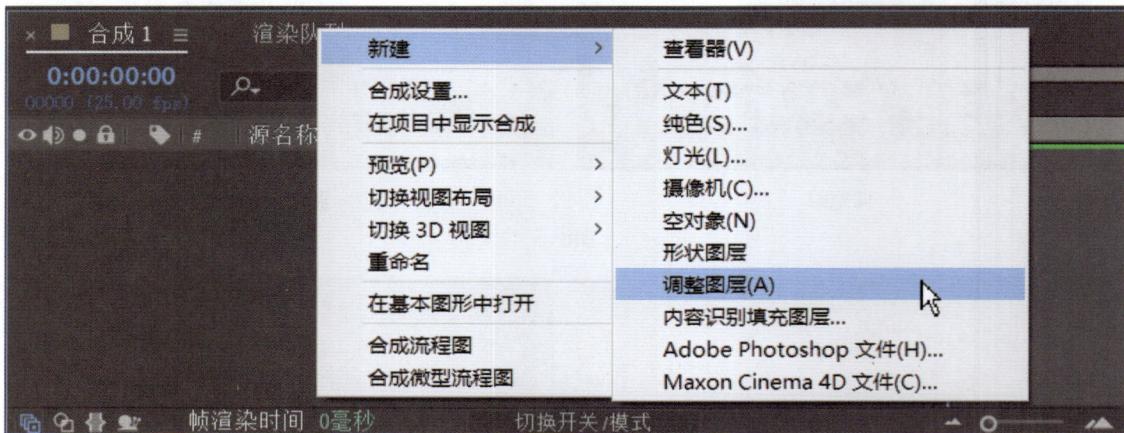

图8-7

> **💡 提示与技巧**
>
> 使用调整图层进行素材调色具有3种优势：①调整图层允许用户在不影响原始素材的前提下进行色彩校正与效果应用，确保了原始素材的完整性；②使用调整图层可以方便地统一多个素材的色调和风格，避免逐一调整每个素材的烦琐过程；③调整图层具有可复用性，用户可以将调整好的图层保存为预设或模板，以便在以后的项目中快速应用相同的调色方案。

8.2 颜色校正

"颜色校正"效果组主要用于处理画面的颜色，包括"Lumetri颜色""曝光度""亮度和对比度""色阶""曲线""色相/饱和度""颜色平衡"等。这些效果可以单独应用，也可以组合应用，以达到理想的视觉效果。

8.2.1 Lumetri颜色

"Lumetri颜色"效果提供了多种选项，允许用户对视频素材的色彩进行精细的调整和控制。通过使用"Lumetri颜色"效果，用户可以校正视频画面中出现的偏色、曝光不足或色彩不鲜明等问题。此外，应用该效果还能根据视频的主题和需求调出不同风格的色调，从而有效提升视频的整体氛围感和视觉效果。

选中素材，在菜单栏中选择"效果" > "颜色校正" > "Lumetri颜色"命令，在"效果控件"面板中展开"Lumetri颜色"控件，如图8-8所示。

图8-8

基本校正： 提供了用于快速校正或还原视频颜色的属性，如"色温""色调""饱和度""曝光度""对比度""高光""阴影""白色""黑色"等，如图8-9所示。

创意： 可以通过添加预设效果进一步拓展调色功能，如图8-10所示。其中"Look"属性下包含多种预设调整，其效果类似滤镜，应用其中的一种预设，可以快速改变视频的色调和风格。

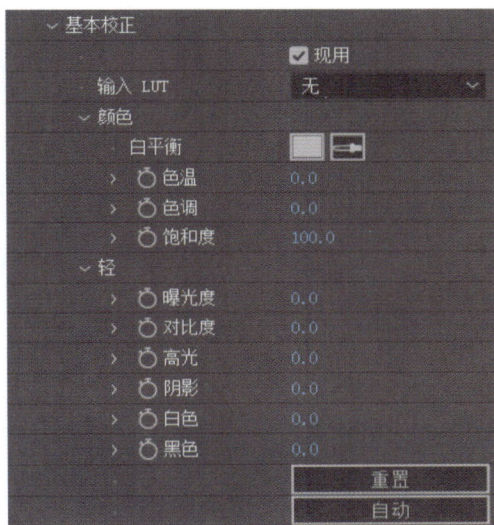

图8-9

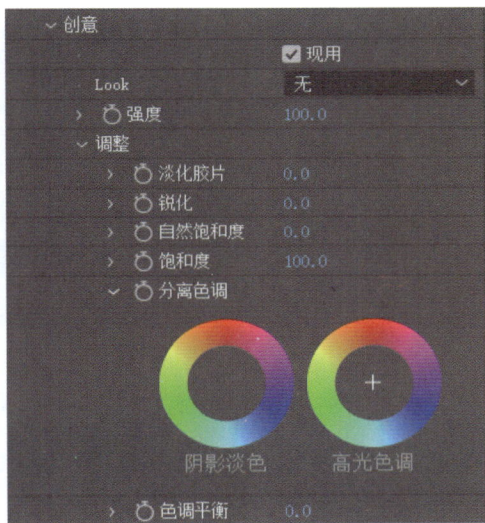

图8-10

曲线： 可以通过调整RGB、红色、绿色、蓝色等曲线的形状，对视频的色彩进行精细的调整。

色轮： 可以分别设置中间调、阴影和高光的色相，从而调整视频的色调。

HSL次要： 可以优化画质（包含"降噪""模糊"），校正色调（包含"色轮""色温""色调""对比度""锐化""饱和度"）。

晕影： 可以为素材添加或去除暗角阴影。

8.2.2 曝光度

"曝光度"效果用来调整画面的亮度。选中素材，在菜单栏中选择"效果"＞"颜色校正"＞"曝光度"命令，在"效果控件"面板中展开"曝光度"控件，参数设置如图8-11所示，素材调整的前后对比效果如图8-12所示。

通道： 设置需要添加"曝光度"效果的通道，包括"主要通道"和"单个通道"。

主： 设置效果应用于整个画面。曝光度：设置曝光程度。偏移：设置曝光偏移程度。灰度系数校正：设置图像灰度系数精准度。

红色： 设置效果应用于红色通道。

绿色： 设置效果应用于绿色通道。

蓝色： 设置效果应用于蓝色通道。

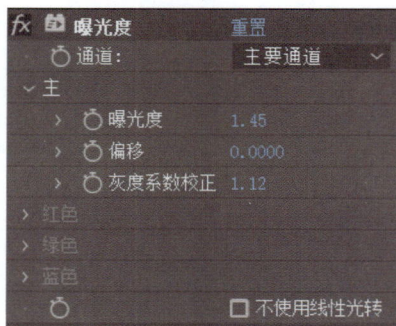

图8-11

调整前　　　　　　　　　　　　　　调整后

图8-12

8.2.3　亮度和对比度

"亮度和对比度"效果用来调整画面整体的亮度和对比度。选中素材，在菜单栏中选择"效果">"颜色校正">"亮度和对比度"命令，在"效果控件"面板中展开"亮度和对比度"控件，参数设置如图8-13所示，素材调整的前后对比效果如图8-14所示。

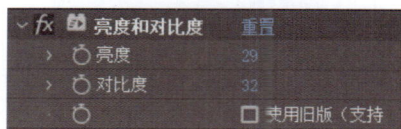

图8-13

调整前　　　　　　　　　　　　　　调整后

图8-14

亮度：用于调整画面整体的明暗程度。正值提高亮度，负值降低亮度。

对比度：用于调整画面的明暗反差程度。正值提高对比度，负值降低对比度。

8.2.4 色阶

"色阶"效果应用后，可以调整画面中的黑色、白色、灰色的色阶数值，也可以单独为每个通道调整颜色值以改变色调。选中素材，在菜单栏中选择"效果">"颜色校正">"色阶"命令，在"效果控件"面板中展开"色阶"控件，分别调整"RGB"通道和"蓝色"通道，参数设置如图8-15所示，素材调整的前后对比效果如图8-16所示。

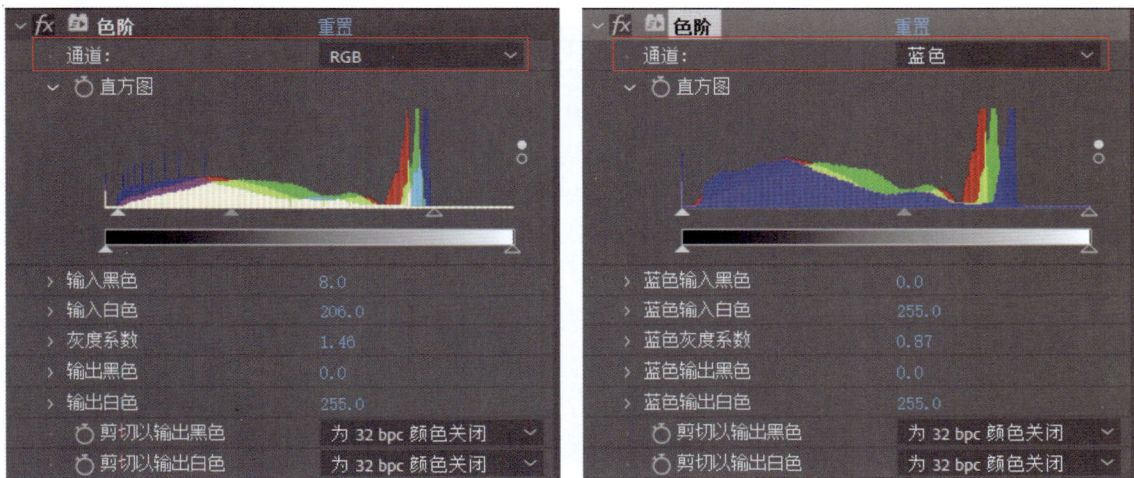

图8-15

| 调整前 | 调整后 |

图8-16

通道：用于选择要调整的通道，包含"RGB""红色""绿色""蓝色""Alpha"通道。

直方图：通过直方图可以了解图像各个影调的分布情况。

输入黑色：用于调整图像中的阴影区域。

输入白色：用于调整图像中的高光区域。

灰色系数：用于调整图像中的中间调区域。当数值大于1时，提亮中间调；当数值小于1时，压暗中间调。

输出黑色：设置输出图像中的黑色阈值。

输出白色：设置输出图像中的白色阈值。

8.2.5　曲线

　　"曲线"效果与"色阶"效果的作用相似，它既可以用于调整图像的明暗和对比度，又可以用于校正画面偏色并调出独特的色调效果；但"曲线"效果更精细，使用它可以在曲线上的任意位置添加控制点，改变曲线的形状，从而调整图像，并且可以在较小的范围内添加多个控制点进行局部调整。

　　选中素材，在菜单栏中选择"效果">"颜色校正">"曲线"命令，在"效果控件"面板中展开"曲线"控件，"曲线"控件的曲线上有两个端点，左端点用于控制阴影区域，右端点用于控制高光区域，曲线的中间位置用于控制中间调区域。设置"通道"为"RGB"，在曲线的中间位置添加控制点，向左上方拖曳曲线，提亮中间调；向右拖曳左端点压暗阴影区域；向左拖曳右端点提亮高光区域，参数设置如图8-17所示，素材调整的前后对比效果如图8-18所示。

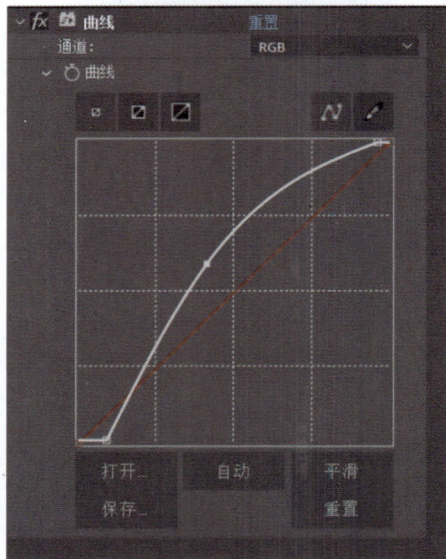

图8-17

调整前

调整后

图8-18

　　通道：用于选择要调整的通道，包含"RGB""红色""绿色""蓝色""Alpha"通道。

　　曲线：用于调整图像的明暗程度和色调。

　　曲线工具 ：选择该工具并单击曲线，可以在曲线上添加控制点。拖曳控制点，可以对曲线进行编辑。如果要删除控制点，在曲线上选中要删除的控制点，将其拖曳至坐标区域外即可。

　　铅笔工具 ：选择该工具，在坐标区域中拖曳可以绘制一条曲线。

　　"平滑"按钮：单击该按钮，可以平滑曲线。

　　"自动"按钮：单击该按钮，图像的对比度会自动调整。

　　"打开"按钮：单击该按钮，可以通过弹出的"打开"对话框打开存储的曲线调节文件。

　　"保存"按钮：单击该按钮，可以保存当前曲线的形状，以便以后重复使用。

8.2.6　色相/饱和度

　　应用"色相/饱和度"效果，可基于色彩三要素（色相、饱和度和明度）对不同色系的颜色进行调整。

选中素材，在菜单栏中选择"效果">"颜色校正">"色相/饱和度"命令，在"效果控件"面板中展开"色相/饱和度"控件，分别调整"主"通道、"黄色"通道和"蓝色"通道的选项，参数设置如图8-19所示，素材调整的前后对比效果如图8-20所示。

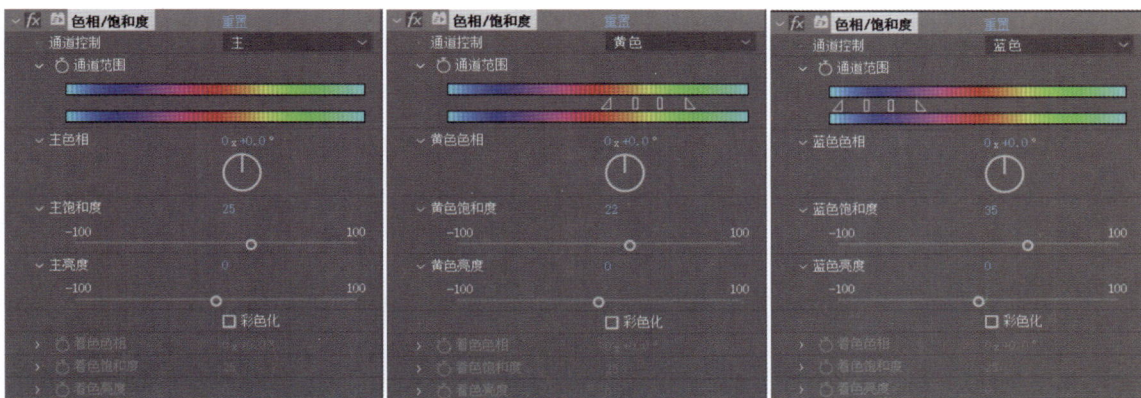

图8-19

调整前　　　　　　　　　　　　　　　　调整后

图8-20

通道控制：用于选择要调整的颜色通道。选择"主"时，对所有颜色应用效果；如果选择"红色""黄色""绿色""青色""蓝色""洋红"，则对所选颜色应用效果。

通道范围：用于控制应用效果的范围。

主色相：设置指定通道的色调，可利用颜色控制轮盘（代表色轮）改变色调。

主饱和度：设置指定通道的饱和度。

主亮度：设置指定通道的明暗程度。

彩色化：勾选该复选框，图像将转化为单色调。

着色色相：通过调整颜色控制轮盘，控制彩色化后图像的色调。

着色饱和度：通过调整滑块，控制彩色化后图像的饱和度。

着色亮度：通过调整滑块，控制彩色化后图像的亮度。

> 💡 **提示与技巧**
>
> 在After Effects的"颜色校正"效果组中，还有一个"自然饱和度"效果。"自然饱和度"效果主要用于针对图像中饱和度相对较低的颜色进行增强，不会使已经处于较高饱和度的颜色变得过度鲜艳或失真。这种特性使"自然饱和度"效果在调色过程中非常有用，因为它能够在提升色彩鲜艳度的同时保持图像的自然与和谐。调色时，"自然饱和度"可与"色相/饱和度"效果结合使用，以获得更细腻的色彩效果。

8.2.7 颜色平衡

"颜色平衡"效果用于校正偏色的画面。通过对红色、绿色、蓝色通道的阴影、中间调和高光分别进行调整，使画面的色彩平衡。

选中素材，在菜单栏中选择"效果">"颜色校正">"颜色平衡"命令，在"效果控件"面板中展开"色彩平衡"控件，参数设置如图8-21所示，素材调整的前后对比效果如图8-22所示。

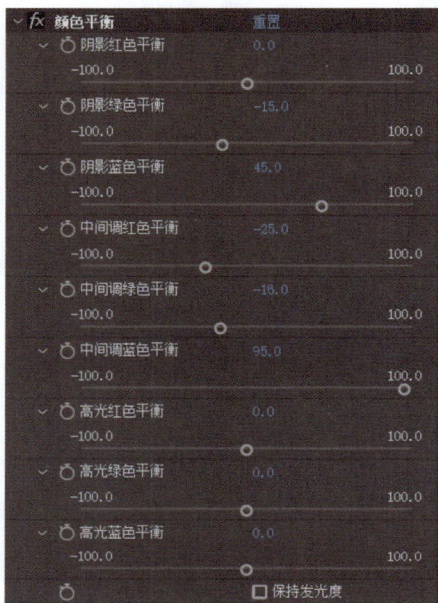

图8-21

调整前

调整后

图8-22

阴影红色平衡/阴影绿色平衡/阴影蓝色平衡： 分别用于调整红色/绿色/蓝色通道的阴影范围平衡程度。

中间调红色平衡/中间调绿色平衡/中间调蓝色平衡： 分别用于调整红色/绿色/蓝色的中间调范围平衡程度。

高光红色平衡/高光绿色平衡/高光蓝色平衡： 分别用于调整红色/绿色/蓝色通道的高光范围平衡程度。

📋 **课堂讨论**

如何结合多个调色效果创造出独特的视觉效果？说出来与大家分享。

8.2.8 课堂案例——准确还原画面色彩

本案例中的原图色彩表现较为平淡，为了提升其视觉效果，将综合应用多个调色效果，以准确还原并增强画面色彩。具体操作步骤如下。

（1）新建项目，将素材"草原.jpg"（素材文件\第8章）导入"项目"面板。将"草原.jpg"拖曳到"时间轴"面板，"项目"面板中会自动新建一个同名的合成，如图8-23所示。

8-2 准确还原画面色彩

图8-23

（2）在"时间轴"面板中创建一个调整图层，选中该图层，在菜单栏中选择"效果"＞"颜色校正"＞"亮度和对比度"命令，在"效果控件"面板中展开"亮度和对比度"控件，设置"亮度"为"28"，"对比度"为"56"，如图8-24所示。

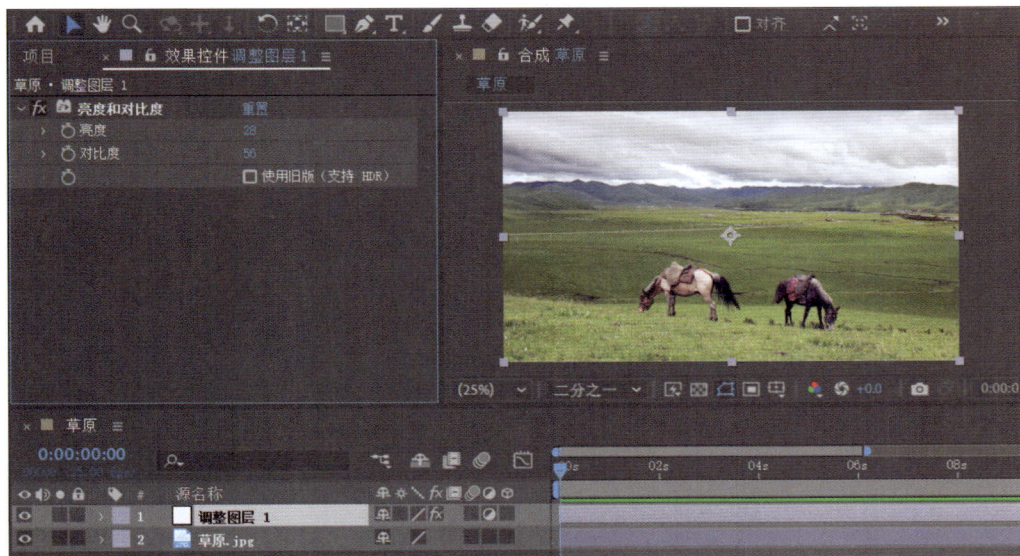

图8-24

（3）在菜单栏中选择"效果"＞"颜色校正"＞"色相/饱和度"命令，在"效果控件"面板中展开"色相/饱和度"控件，分别调整"主"通道、"绿色"通道和"蓝色"通道的属性，参数设置如图8-25所示，效果如图8-26所示。

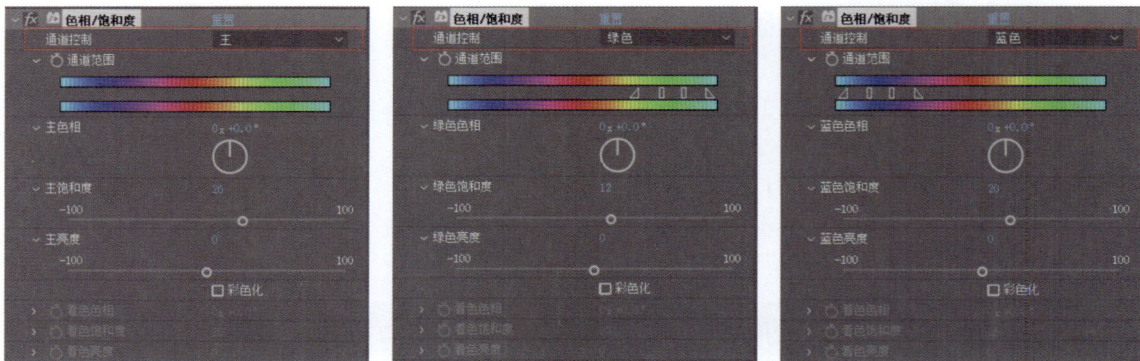

图8-25

图8-26

（4）在菜单栏中选择"效果">"颜色校正">"颜色平衡"命令，在"效果控件"面板中展开"颜色平衡"控件，参数设置如图8-27所示，效果如图8-28所示。

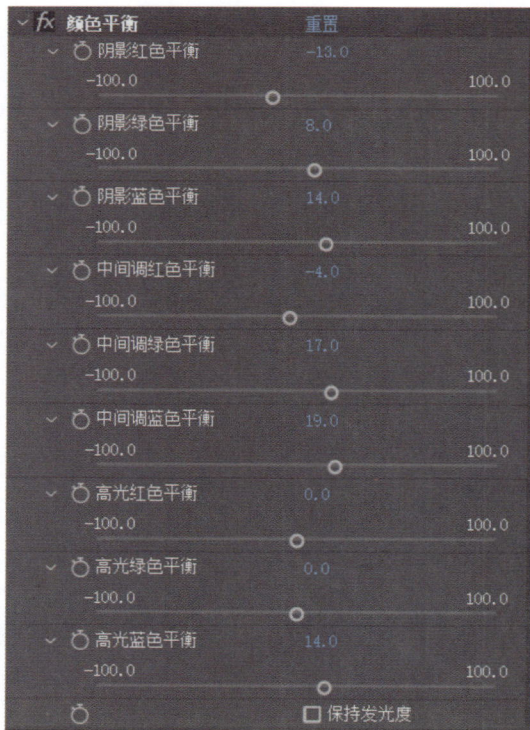

图8-27

图8-28

8.3 思考与练习

一、单选题

1. 在 After Effects 中,( )面板用于调整图像的"色阶""曲线""颜色平衡"等效果的属性。
   A. 项目 B. 效果控件
   C. 时间轴 D. 合成
2. 下面的效果中,( )不能用于调整图像色彩。
   A. "亮度和对比度"效果 B. "色阶"效果
   C. "曲线"效果 D. "颜色平衡"效果
3. ( )与"色阶"效果相似,它既可以用于调整图像的明暗和对比度,又可以用于校正画面偏色并调整出独特的色调效果。
   A. "亮度和对比度"效果 B. "色阶"效果
   C. "曲线"效果 D. "颜色平衡"效果

二、判断题

1. After Effects 中的调整图层不能应用调色效果。( )
2. After Effects 中的"亮度和对比度"效果用来调整画面整体的亮度和对比度。( )
3. After Effects 中的"曲线"效果不能用来调整图像的色彩。( )

三、操作题

1. 使用 After Effects 中的调色效果,将素材文件"桔子.mp4"(素材文件\第8章\思考与练习)准确还原并增强画面色彩。
2. 使用 After Effects 中的调色效果,将素材文件"草原骏马1.mp4"和"草原骏马2.mp4"(素材文件\第8章\思考与练习)调整为符合画面风格的色调。

8.4 项目实训:制作季节更替效果

【实训目标】

本实训的目标是利用调色效果来制作一则展现季节更替效果的视频,通过实践操作帮助读者熟练掌握 After Effects 中的调色效果,并深入理解这些效果对图像色彩的影响,从而创作出视觉效果丰富多样的视频作品。

【实训步骤】

首先,使用"色相/饱和度"命令调整视频的色彩,以营造出秋季的氛围,替代原有的夏季氛围。接着,在"色相/饱和度"的"通道控制"属性中,在时间轴上对其设置关键帧,通过在不同时间点调整"色相/饱和度"的参数值来实现从夏季到秋季的自然过渡的视频效果。案例效果如图8-29所示。下面介绍具体的操作步骤。

图8-29

（1）新建项目，在"项目"面板中的空白处单击鼠标右键，在弹出的快捷菜单中选择"新建合成"命令。在弹出的"合成设置"对话框中，设置"预设"为"自定义"，"宽度"为1920像素，"高度"为1080像素，"像素长宽比"为"方形像素"，"帧速率"为30帧/秒，"分辨率"为"完整"，"持续时间"为0:00:15:00，"背景"为黑色，单击"确定"按钮，创建"合成1"。

（2）将素材"树林.mp4"（素材文件\第8章）导入"项目"面板。将"树林.mp4"拖曳到"时间轴"面板，如图8-30所示。

图8-30

（3）在菜单栏中选择"效果">"颜色校正">"色相/饱和度"命令，在"效果控件"面板中展开"色相/饱和度"控件，分别调整"主"通道、"红色"通道、"黄色"通道、"绿色"通道和"青色"通道的属性，参数设置如图8-31所示。

（4）在"时间轴"面板中，依次展开"树林"图层的"效果">"色相/饱和度"属性，将时间指示器拖曳至0:00:14:29，单击"通道范围"前的"时间变化秒表"按钮，添加一个关键帧，如图8-32所示。

（5）将时间指示器拖曳至0:00:00:00，单击"通道范围"前的"在当前时间添加或移除关键帧"按钮，添加一个关键帧。在"效果控件"面板中展开"色相/饱和度"控件，单击"重置"（恢复到原始图像的状态），如图8-33所示。播放视频，可以看到画面从夏季景色自然地过渡到秋季景色。

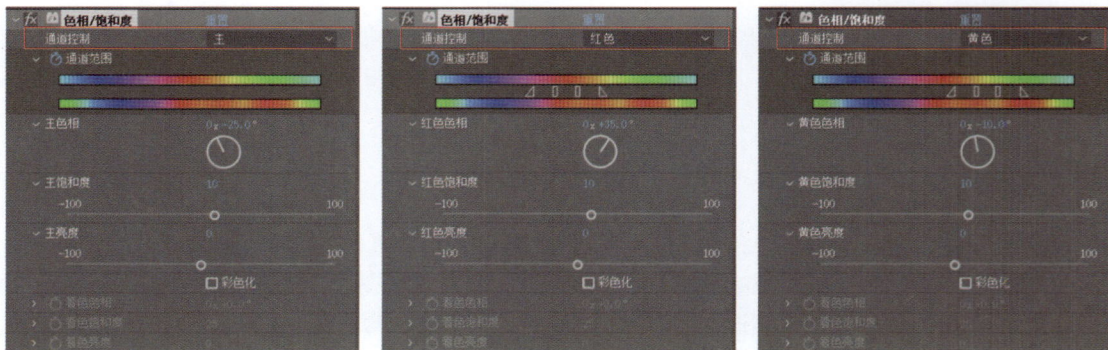

图8-31

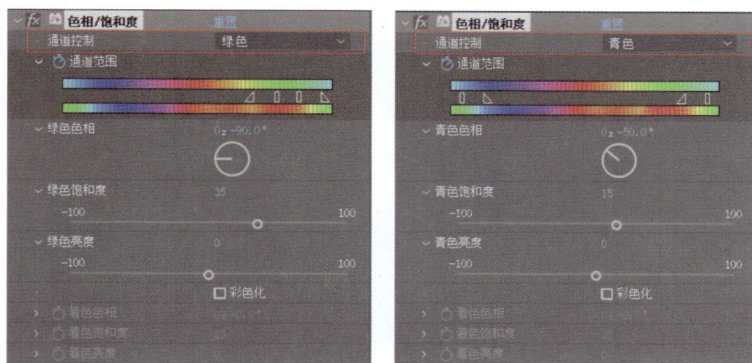

图8-31（续）

图8-32

图8-33

第 **9** 章

抠像技术

本章导读

抠像技术是视频制作时较为常用的技术手段，其核心目的是将视频中的特定元素（通常是人物或物体）从原始背景中分离出来，以将其放置于任何新的背景之上。本章主要介绍在After Effects中常用的抠像方法，这些方法能实现大部分的视频抠像操作。

学习目标

● 掌握抠像效果的用法
● 掌握遮罩效果的用法
● 掌握抠像后与背景完美融合技巧

9.1　抠像效果

抠像技术（即键控技术）在影视制作领域被广泛应用，我们有时会看到演员在绿色或蓝色的背景前表演，这些背景在最终的影片中是见不到的，看到的可能是诸如演员在高楼间来回穿梭、跳跃的画面，这就运用了抠像技术，用其他画面替换了蓝色或绿色的背景。

9.1.1　线性颜色键

"线性颜色键"效果用于实现将图像的每个像素与指定的主色进行比较，如果像素的颜色与主色非常接近，则此像素将变得完全透明，与主色较为接近的像素将变得较为透明，而与主色完全不匹配的像素保持不透明。

选中需要进行抠像的图层，在菜单栏中选择"效果">"抠像">"线性颜色键"命令，即可为该图层添加"线性颜色键"效果。在"效果控件"面板中展开"线性颜色键"控件，使用吸管工具在"合成"面板中的背景处单击吸取抠除颜色，参数设置及抠像效果如图9-1所示。

预览： 显示两个缩略图。左侧缩略图表示未改变的源图像，右侧缩略图表示"视图"属性指定模式的呈现效果。中间3个吸管工具分别用于指定主色、添加指定颜色以及减去指定颜色。

视图： 用于查看和比较抠像结果，包含"最终输出""仅限源""仅限遮罩"3种模式。

主色： 用于指定要抠除的颜色，可通过旁边的吸管工具进行选取，其作用与两个缩略图中间顶部的吸管工具相同。

匹配颜色： 用于选择颜色空间，包含"使用RGB""使用色相""使用色度"3种颜色空间。

匹配容差： 用于指定主色的容差范围。数值越低，容差范围越小；数值越高，容差范围越大。

匹配柔和度： 用于柔化容差范围。通常设置为10%以下的数值可产生最佳效果。

主要操作： 包含"主色"和"保持颜色"两种模式，"主色"主要用于线性抠像效果，"保持颜色"主要用于还原被上一个抠像滤镜或插件所误抠的区域。

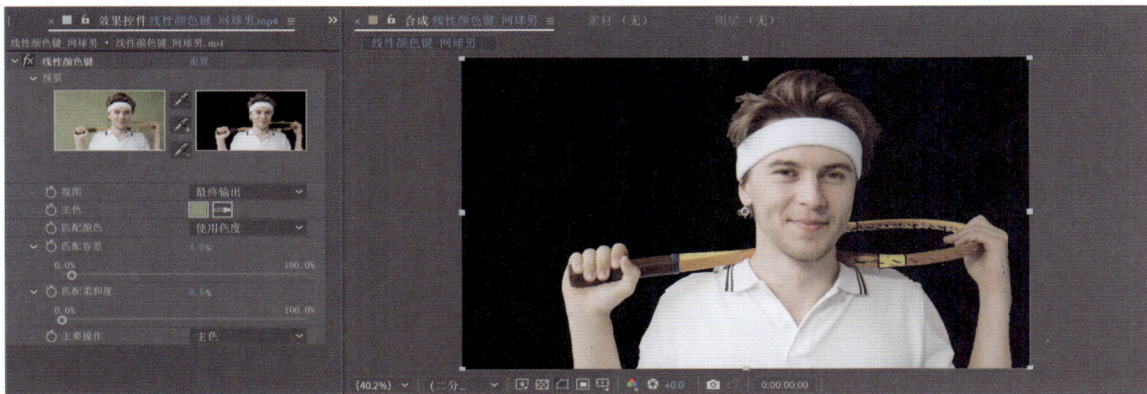

图9-1

9.1.2　颜色范围

应用"颜色范围"效果可通过去除指定的颜色范围来产生透明区域，从而抠出目标。这种抠像方式适用于背景包含多个颜色、背景亮度不均匀和包含颜色一样的阴影的情况（如玻璃、烟雾等）。

选择需要进行抠像的图层，在菜单栏中选择"效果">"抠像">"颜色范围"命令，即可为该图层添加"颜色范围"效果。在"效果控件"面板中展开"颜色范围"控件，使用吸管工具在"合成"面板中的绿色背景处单击吸取抠除颜色，参数设置及抠像效果如图9-2所示。

预览：显示遮罩缩略图，右边3个吸管工具分别用于指定主色、添加其他颜色到要抠除的颜色范围中以及从指定的颜色范围中去除其他颜色。

模糊：用于柔化透明区域和不透明区域之间的边界。

色彩空间：用于选择Lab、YUV或RGB颜色空间。如果使用其中一种颜色空间难以抠出主体，则可尝试使用其他颜色空间。

最小值（L，Y，R）：用于微调指定颜色空间的第一个分量的起始颜色。

最大值（L，Y，R）：用于微调指定颜色空间的第一个分量的结束颜色。

最小值（a，U，G）：用于微调指定颜色空间的第二个分量的起始颜色。

最大值（a，U，G）：用于微调指定颜色空间的第二个分量的结束颜色。

最小值（b，V，B）：用于微调指定颜色空间的第三个分量的起始颜色。

最大值（b，V，B）：用于微调指定颜色空间的第三个分量的结束颜色。

图9-2

9.1.3　颜色差值键

"颜色差值键"效果通过将图像分为"A"与"B"两个遮罩在相对的起始点创建透明度。其中"B"的作用是使透明度基于指定的主色，"A"的作用是识别并处理图像中不含背景干扰色的区域，以便抠除杂色（如残留在前景上的蓝幕或绿幕的反光）。"A"与"B"遮罩进行合并后得到一个新的"Alpha"遮罩（黑色表示要抠除的区域，白色表示保留区域，灰色表示还未完全抠除），从而实现抠像效果，适用于以蓝幕或绿幕为背景，且亮度适宜的包含透明或半透明区域的图像，如玻璃、烟雾、阴影等。

选中需要进行抠像的图层，在菜单栏中选择"效果">"抠像">"颜色差值键"命令，即可为该图层添加"颜色差值键"效果。在"效果控件"面板中展开"颜色差值键"控件，使用吸管工具在"合成"面板的绿色背景处单击吸取抠除颜色，调整"黑色遮罩"和"白色遮罩"选项细化遮罩的边缘和透明度，然后调整其他选项以优化抠像效果。

预览：显示两个缩略图。左侧缩略图表示未改变的源图像，右侧缩略图表示选择"A""B""α"遮罩选项后的呈现效果。

使用中间第1个吸管工具可以指定主色。

选择中间第2个（"黑色"）吸管工具，然后在最亮的黑色区域的遮罩缩略图内单击以指定透明区域。将调整缩略图和"合成"面板中图像的透明度。

选择中间第3个（"白色"）吸管工具，然后在最暗的白色区域的遮罩缩略图内单击以指定不透明区域。将调整缩略图和"合成"面板中图像的不透明度。

视图：用于查看和比较抠像效果。默认状态下为"最终输出"模式。在调整单个遮罩的过程中，可能会根据需求在这些模式之间进行切换。

主色：用于指定要抠除的颜色。如果需要抠除蓝幕，则使用默认的蓝色即可；如果需要抠除其他颜色，可使用旁边的吸管工具选择需要抠除的颜色，或使用色板，在颜色空间中自定义颜色。

颜色匹配准确度：包含"更快"和"更准确"两种模式，含义同字面意思。

黑色区域的A部分/黑色的部分B：用于调整黑色区域内的透明度。

白色区域的A部分/白色区域中的B部分：用于调整白色区域内的不透明度。

A部分的灰度系数/B部分的灰度系数：用于控制透明度遵循线性增长的程度。

黑色区域外的A部分/黑色区域外的B部分：用于调整黑色区域外的透明度。

白色区域外的A部分/白色区域外的B部分：用于调整白色区域外不透明度。

黑色遮罩：用于调整抠像结果的透明区域。

白色遮罩：用于调整抠像结果的不透明区域。

遮罩灰度系数：用于控制抠像结果的透明度遵循线性增长的程度。

图9-3所示为应用"颜色差值键"效果完成的抠像。

图9-3

9.1.4　Keylight（1.2）

Keylight是一款工业级别的蓝幕或绿幕键控器，它在制作专业品质的抠像效果方面表现出色，尤其适用于处理半透明区域、毛发等细微抠像工作，并能精确地控制残留在前景上的蓝幕或绿幕的反光。

选择需要进行抠像的图层，在菜单栏中选择"效果"＞"Keying"＞"Keylight（1.2）"命令，即可为该图层添加"Keylight（1.2）"效果。

View（视图）： 主要用于显示抠像的不同视图，帮助用户在不同阶段查看和调整抠像效果。它的选项如图9-4所示。

- **Source（源）：** 显示原始素材。
- **Source Alpha（源Alpha通道）：** 显示素材的Alpha通道。
- **Corrected Source（校正后的源）：** 显示经过颜色校正后的素材。
- **Colour Correction Edges（边缘校正颜色）：** 用于查看和调整边缘的颜色校正效果。
- **Screen Matte（屏幕遮罩）：** 显示抠像的遮罩，黑色区域表示透明，白色区域表示不透明。

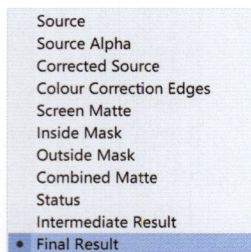

图9-4

- **Inside Mask（内部蒙版）：** 提供对遮罩内部的详细观察。
- **Outside Mask（外部蒙版）：** 提供对遮罩外部的详细观察。
- **Combined Matte（结合遮罩）：** 提供对结合遮罩的详细观察。
- **Status（状态）：** 显示抠像过程中的状态信息。
- **Intermediate Result（中间结果）：** 显示抠像的中间结果，有助于观察抠像过程的细节。
- **Final Result（最终结果）：** 默认视图。显示最终的抠像效果，即抠像后的画面。

Unpremultiply Result（非预乘结果）： 其作用主要体现在抠像过程中，它允许用户对图像的预乘Alpha值进行调整。预乘Alpha是指将颜色的透明度信息预先乘以颜色值，这样可以确保在合成时颜色的正确显示。

Screen Colour： 屏幕颜色，需要抠除哪种颜色就用吸管工具选取哪种颜色。

Screen Gain： 屏幕增益，通过微调该属性的值，可以使抠像区域更加纯净，去除噪点，使边缘更加平滑。

Screen Balance： 屏幕平衡，用于调整抠像的亮度和平衡，确保抠像效果自然。

Despill Bias： 去除溢色偏移，建议保持默认状态。

Alpha Bias： Alpha偏移，建议保持默认状态。

Lock Bias Together： 锁定所有偏移。

Screen Pre-blur： 屏幕预模糊，在抠像前进行模糊，适合有明显噪点的图像。

Screen Matte： 屏幕遮罩，Screen Matte通过黑白像素表示不透明度，其中100%白色的像素表示完全不透明，而100%黑色的像素表示完全透明，任何其他颜色则表示半透明。通过调整Screen Matte参数，用户可以观察抠像通道的状态，确保被抠除的区域为纯黑色，保留的区域为纯白色，从而获得理想的抠像效果。它的属性如图9-5所示。

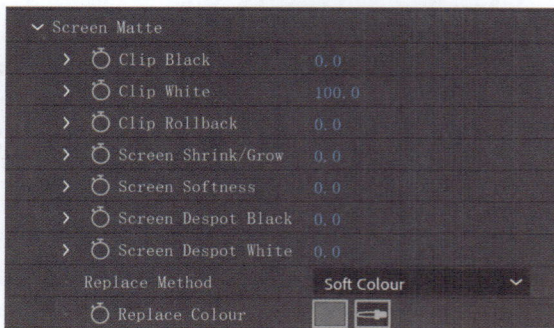

图9-5

- **Clip Black（剪切黑色）：** 让接近黑色的Alpha值变成黑色。
- **Clip White（剪切白色）：** 让接近白色的Alpha值变成白色。
- **Clip Rollback（剪切回滚）：** 用于微调抠像边缘的柔和度。通过调整该属性，可以控制边缘的扩张或收缩，从而实现更自然的过渡效果。正值会使边缘向外扩张，负值则会使边缘向内收缩。
- **Screen Shrink/Grow（屏幕收缩/扩展）：** 主要用于调整抠像边缘的大小。
- **Screen Softness（屏幕柔和度）：** 用于对图像轮廓进行适当的羽化，从而进一步精细调整抠像效果。

• **Screen Despot Black（屏幕强制黑色）**：用于在白色的Alpha通道上去除黑色。

• **Screen Despot White（屏幕强制黑色）**：用于在黑色的Alpha通道上去除白色。

• **Replace Method（替换方法）**：通过比较图像中的每个像素与单一颜色的差异来生成带有不透明度的遮罩。

• **Replace Colour（替换颜色）**：用于替换屏幕颜色。这一功能允许用户选择视频中的特定颜色（通常是绿色或蓝色），并将其从视频中去除，从而实现前景与新背景的合成更精准。

Inside Mask：内部蒙版，用于保护前景中需要保留的特定区域，尤其是当这些区域的颜色与背景色（如绿色或蓝色）相似时。它的属性如图9-6所示。

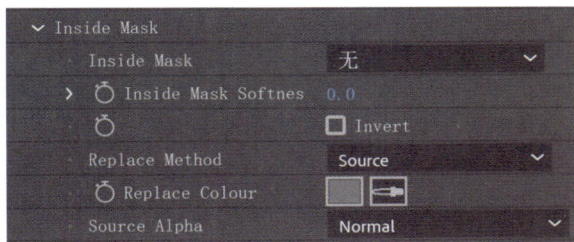
图9-6

• **Inside Mask（内部蒙版）**：选择内部蒙版类型。

• **Inside Mask Softness（内部蒙版柔和度）**：当抠像边缘出现明显的绿色边界时，可以通过调节该属性来柔化边界，使抠像结果更加自然。

• **Invert（反转）**：反转蒙版，勾选该复选框会改变蒙版的作用区域，即原本被保护的区域变为被抠除，而被抠除的区域变为被保护。

• **Replace Method（置换方法）**：替换或修改内部蒙版的方式。

• **Replace Colour（置换颜色）**：用于替换被内部蒙版保护的区域的颜色。这一功能允许用户对特定区域进行颜色调整或替换，以达到预期的视觉效果。

• **Source Alpha（源Alpha通道）**：用于显示源图像的Alpha通道，可以更清晰地了解图像的透明度信息，从而更精确地进行抠像和合成操作。

Outside Mask：外部蒙版，也称为垃圾遮罩，用于定义哪些区域应该被完全排除在抠像结果之外（这些区域变成纯黑色）。它的属性如图9-7所示。

图9-7

• **Outside Mask（外部蒙版）**：选择外部蒙版类型。

• **Outside Mask Softness（外部蒙版柔和度）**：用于控制外部蒙版边缘的柔和程度。通过调整这个参数，可以减少边缘的锯齿状或硬边现象，使抠像结果更加自然和流畅。反转蒙版，这会改变蒙版的作用区域，即原本被保护的区域变为被抠除，而被抠除的区域变为被保护。

• **Invert（反转）**：反转蒙版，勾选该复选框会改变蒙版的作用区域，即原本被保护的区域变为被抠除，而被抠除的区域变为被保护。

Foreground Colour Correction：前景色校正，在抠像完成后，前景色可能与新背景不完全匹配，这时就需要使用该属性来微调前景色，以达到与新背景的完美融合。它的属性如图9-8所示。

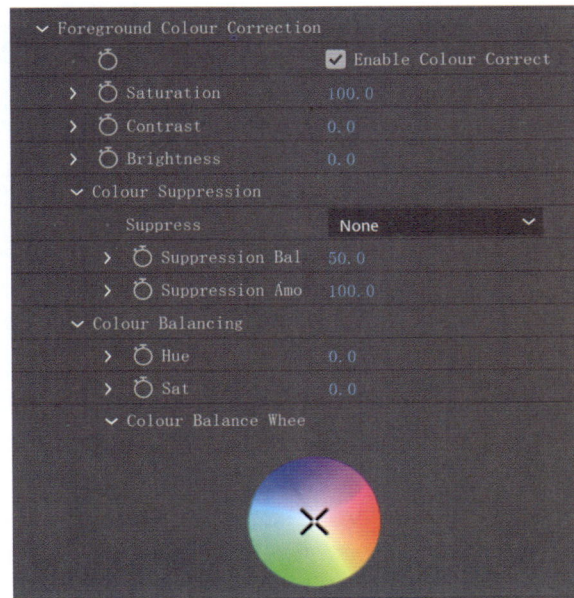
图9-8

● **Enable Colour Correction（启用颜色校正）：** 勾选该复选框，能够调整饱和度、对比度和亮度。

● **Saturation（饱和度）：** 在进行抠像后，前景色可能会因为抠像处理而发生变化。调整该属性，可以恢复或增强前景色的饱和度，使抠像后的图像更加自然和逼真。

● **Contrast（对比度）：** 用于调整前景色的对比度。

● **Brightness（亮度）：** 用于调整前景色的亮度。

● **Colour Suppression（颜色抑制）：** 在进行绿幕或蓝幕抠像时，边缘可能会出现颜色溢出，使前景色受到背景的影响。调整该属性，可以细化边缘处理、消除颜色溢出，使前景色更加纯净。

Suppress（抑制）：进一步细化边缘处理，确保前景色与背景之间的过渡自然，减少合成痕迹。

Suppression Balance（抑制平衡）：调整颜色平衡，细致调整该属性，可以进一步优化前景色，使其与预期效果更加匹配，减少因抠像带来的颜色失真。

Suppression Amount（抑制数量）：用于细化处理抠图边缘的颜色溢出情况，可以消除绿色残留或其他背景色溢色。

● **Colour Balancing（颜色平衡）：** 改变色相和饱和度以调整前景色的平衡，使抠像后的前景色与新背景更加匹配和融合。

Hue（色相）：用于调整前景色的色相。

Sat（饱和度）：用于调整前景色的饱和度。

Colour Balance Wheel（颜色平衡色轮）：用于调节前景色的颜色平衡；通过调整颜色平衡轮，还可以实现前景色与新背景的匹配。

Edge Colour Correction： 边缘颜色校正，此属性用于控制抠像区域的边缘。其中各属性的含义同上，这里不再详细介绍。

Source Crops： 源裁剪，主要用于调整抠像区域的范围，以精确地控制哪些区域被用于抠像。

图9-9所示为应用"Keylight（1.2）"效果完成的抠像。

图9-9

9.1.5　课堂案例——使用"Keylight（1.2）"效果进行抠像

本案例主要使用"Keylight（1.2）"效果进行抠像，具体操作步骤如下。

9-1　使用
"Keylight（1.2）"
效果进行抠像

（1）新建项目，在菜单栏中选择"文件"＞"导入"＞"文件"命令，弹出"导入文件"对话框，在该对话框中选择素材"涂口红的年轻商务女士拿着愉悦优质实拍.mp4"文件（素材文件\第9章），并勾选"创建合成"复选框，单击"导入"按钮即可将素材文件导入，如图9-10所示。

图9-10

（2）在需要抠像的图层上单击鼠标右键，在弹出的快捷菜单中选择"效果"＞"Keying"＞"Keylight（1.2）"命令，即可为该图层添加"Keylight（1.2）"效果，"项目"面板会切换到"效果控件"面板，其中显示出"Keylight（1.2）"效果的各项属性。

（3）在调整各项属性的时候，需要在"View"下拉列表中的"Source"视图和其他视图之间不断切换，以便查看和调整抠像效果，比较麻烦。为了减少麻烦，增加一个专门显示源视频的窗口。在需要进行抠像的图层上双击，增加一个"图层"面板，在其"视图"下拉列表中选择"无"选项，这样该面板就会一直显示源视频，不受"Keylight（1.2）"效果的影响，而"合成"面板就专门用于观察调整属性时的抠像效果。

（4）在"View"下拉列表中选择"Status"选项，以便观察使用"Screen Colour"旁边的吸管工具选取抠除颜色后的效果，此时"合成"面板变为白色（没有要抠除的）。

（5）使用"Screen Colour"旁边的吸管工具在"图层"面板中选取要抠除的背景色，此时"合成"面板中会出现黑色区域、白色区域和灰色区域，如图9-11所示。

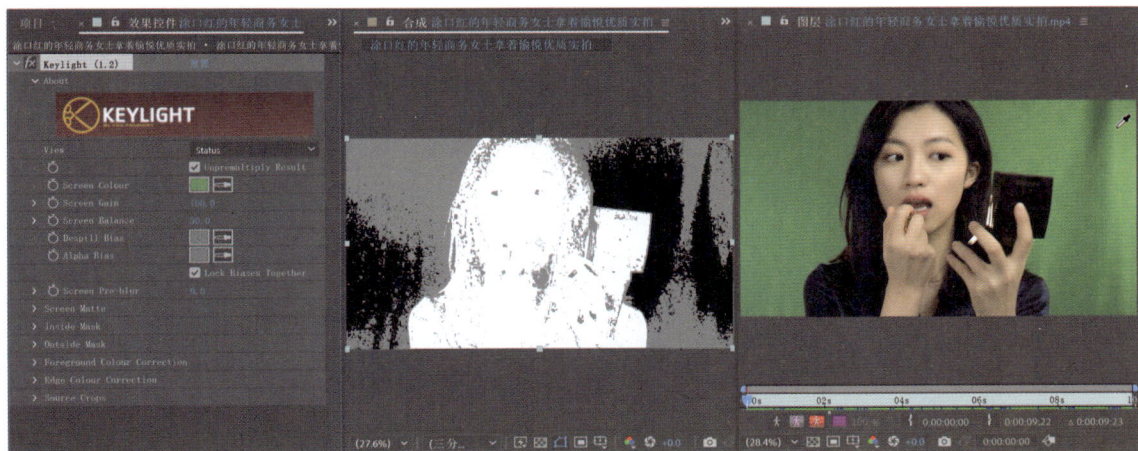

图9-11

（6）在"合成"面板中，黑色区域代表要抠除的；白色区域代表要保留的；灰色区域代表半透明的，需要将它们调整为黑色和白色，也就是说灰色区域越少越好。可以不断地用吸管工具去选取"图层"面板中要抠除的不同位置的背景色，以找到抠像效果最好的背景色。可以在选取背景色后，单击"Screen Colour"旁边的色板图标，在弹出的"Screen Colour"对话框中改变"R""G""B"的值，快速找到抠像效果最好的背景色，如图9-12所示。

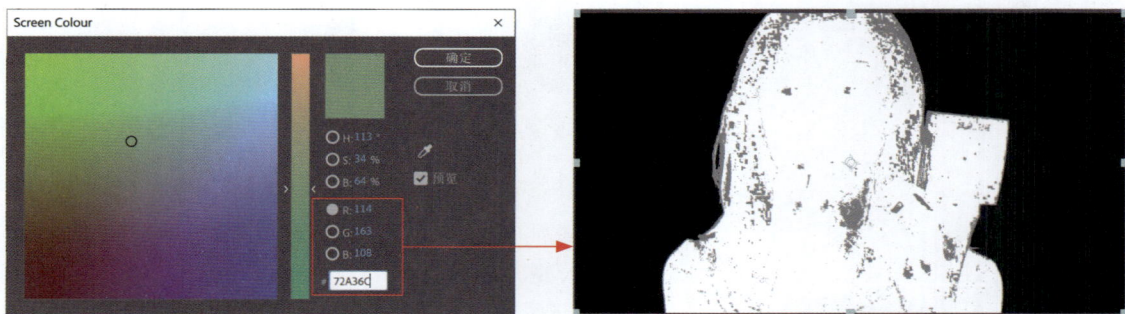

图9-12

（7）在"View"下拉列表中选择"Screen Matte"选项，如图9-13所示。从图中可以看出，人物头发和身上的其他部位还有一些灰色区域，需要通过调整"Screen Matte"属性将其调整为白色。

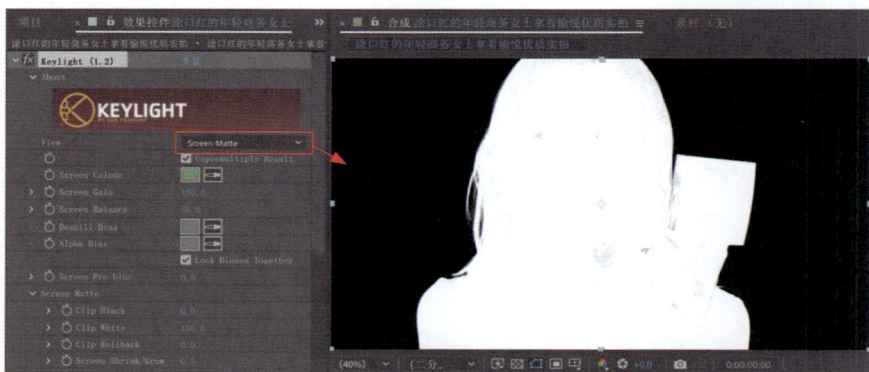

图9-13

（8）在"Clip White"属性的值上拖曳以进行调整，直到"合成"面板中的抠像区域完全变为白色，如图9-14所示。

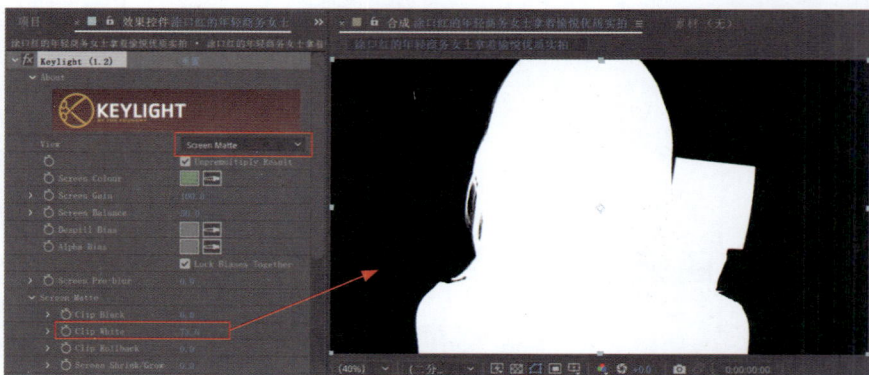

图9-14

（9）在"View"下拉列表中选择"Final Result"选项，观察最终的抠像效果，如图9-15所示。

图9-15

（10）如果感觉黑色背景不能很好地观察抠像效果，可以添加一个图9-16所示的红色纯色图层，以便更好地观察抠像效果。

图9-16

9.2 遮罩效果

使用遮罩效果可微调使用传统方式（例如创建蒙版或颜色抠像）创建的遮罩。如果使用抠像效果进行"抠像"后，物体的边缘轮廓处有杂色或者物体的内部有被误抠的部分，可以使用"遮罩"效果组中的效果进行改善。

9.2.1 调整柔和遮罩

"调整柔和遮罩"效果用于沿遮罩的边缘改善其细节和透明区域，适合调整人物的头发等图像。

选中图层，在菜单栏中选择"效果">"遮罩">"调整柔和遮罩"命令，即可为该图层添加"调整柔和遮罩"效果，如图9-17所示。

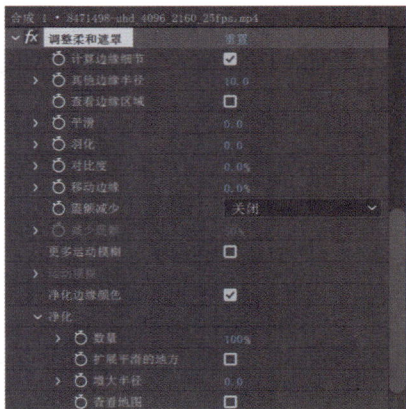

图9-17

计算边缘细节： 勾选此复选框，将计算半透明区域的边缘，改善边缘区域中的细节。

其他边缘半径： 沿整个调整边界添加均匀的描边，描边的宽度由该属性确定。

查看边缘区域： 勾选此复选框，将边缘区域渲染为黄色，前景和背景渲染为灰度图象（背景光线比前景更暗）。

平滑： 沿Alpha通道边界进行平滑，用来控制遮罩边缘的光滑程度，让遮罩边缘变得更加流畅、自然，减少边缘的生硬感和不规整性。

羽化： 在调整后的区域中模糊Alpha通道。

对比度： 设置调整后的区域Alpha通道的对比度。

移动边缘： 相对于"羽化"属性，设置遮罩扩展的程度。

震颤减少： 启用后，可以选择"更多细节"或"更平滑（更慢）"选项。

减少震颤： 增大该属性的值可减少边缘逐帧移动时的不规则抖动。若设置"震颤减少"为"更多细节"，则该属性的最大值为100%；若设置"震颤减少"为"更平滑（更慢）"，则该属性的最大值为400%。

更多运动模糊： 勾选此复选框可以使用运动模糊渲染遮罩。虽然渲染速度比较慢，但能产生更干净的边缘。

净化边缘颜色： 勾选此复选框可净化（纯化）边缘像素的颜色。从前景像素中移除背景色，有助于修正经运动模糊处理的含有背景色的光晕和杂色。净化的强度由"净化数量"决定。

净化： 控制净化范围和边缘柔和度，能提升遮罩质量，使合成更加自然。

• **数量：** 确定净化的强度。

• **扩展平滑的地方：** 只有在"减少震颤"大于0并勾选了"净化边缘颜色"复选框时才可勾选该复选框，以清洁为减少震颤而移动的边缘。

• **增大半径：** 设置为边缘颜色净化（包括任何净化，如羽化、运动模糊）而增加的半径（以像素为单位）。

• **查看地图：** 显示哪些像素将通过边缘颜色净化而被清除（地图中的白色像素）。

图9-18所示分别为原图、应用"颜色范围"效果抠像后的效果和应用"调整柔和遮罩"效果后的效果。

图9-18

9.2.2 遮罩阻塞工具

"遮罩阻塞工具"效果用于重复一连串阻塞和扩展遮罩，以在不透明区域填充不需要的缺口（透明区域），使遮罩中的缺口闭合。

选中图层，在菜单栏中选择"效果">"遮罩">"遮罩阻塞工具"命令，即可为该图层添加"遮罩阻塞工具"效果，如图9-19所示。

几何柔和度 1： 指定最大扩展量（以像素为单位）。

阻塞 1： 设置阻塞数量。若为负值，则扩展遮罩；若为正值，则阻塞遮罩。

灰色阶柔和度 1： 用来调整遮罩边缘从清晰到模糊的过渡程度，值越高，边缘越柔和；值越低，边缘越清晰。值为0%时，遮罩边缘会非常清晰、锐利，其透明度只有完全不透明和完全透明两种，就像用剪刀剪出来的直线一样，没有过渡。值为100%时，遮罩边缘会变得非常柔和，其透明度会在完全不透明和完全透明之间平滑过渡，就像用橡皮擦轻轻擦过边缘，使其变得模糊和柔和。

几何柔和度 2： 指定最大阻塞量（以像素为单位）。

阻塞 2： 含义同"阻塞 1"。

灰色阶柔和度 2： 含义同"灰色阶柔和度 1"。

迭代： 指定 After Effects 重复扩展和阻塞遮罩的次数，以使所有不需要的缺口闭合。

图9-20所示分别为应用"颜色范围"效果抠像后产生缺口的效果和进一步应用"遮罩阻塞工具"效果后闭合缺口的效果。

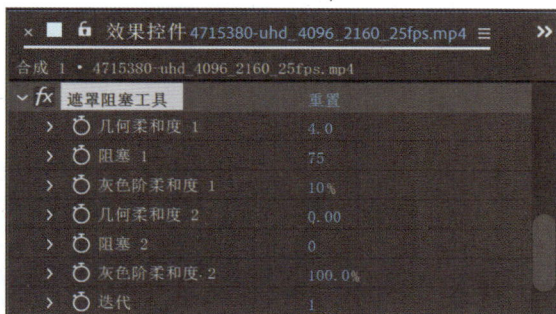

图9-19

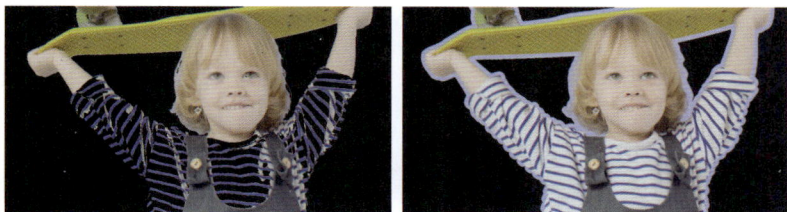

图9-20

9.2.3　课堂案例——使抠像后的边缘更自然

本案例先使用"颜色范围"效果抠像（抠除天空），然后再使用"调整柔和遮罩"效果使抠像后的边缘更自然，并适当修补不该抠除的内容。

（1）新建项目，在菜单栏中选择"文件"＞"导入"＞"文件"命令，弹出"导入文件"对话框，在该对话框中选择素材"情侣牵手散步.mp4"（素材文件\第9章），并勾选"创建合成"复选框，单击"导入"按钮即可将素材文件导入。

9-2　使抠像后的边缘更自然

（2）在需要抠像的图层上单击鼠标右键，在弹出的快捷菜单中选择"效果"＞"抠像"＞"颜色范围"命令，即可为该图层添加"颜色范围"效果。"效果控件"面板中会显示"颜色范围"效果的各项属性。

（3）选择遮罩缩略图右边的第一个吸管工具，单击"合成"面板中的天空部分，此时天空部分会变为黑灰色，遮罩缩略图也会随着改变。然后使用第二个吸管工具，不断单击"合成"面板中天空部分的灰白色，为了找到准确位置，可以打开"信息"面板，通过显示吸管工具指向位置的RGB值确定最佳灰白色的位置。一边单击一边观察遮罩缩略图和"合成"面板，直到天空部分变为纯黑色，如图9-21所示。

（4）观察"合成"面板会发现，抠像后存在两个问题：一是天空边缘比较硬、不自然，二是人物肩部和地面白色栏杆等地方有缺失部分（被抠除了）。为图像添加"调整柔和遮罩"效果以改善这两个问题，效果如图9-22所示。（播放视频会发现有些地方仍然有缺失部分，将在9.4节讲解解决这个问题的方法）

图9-21

图9-22

9.3 思考与练习

一、单选题

1. 在影片中经常会看到一些演员在高楼间来回穿梭、跳跃的画面，这是借助了（　　）实现的。

　　A. 颜色校正　　　B. 阻塞技术　　　C. 抠像技术　　　D. 净化边缘

2. 在遮罩中，黑色区域与白色区域分别表示（　　）。

　　A. 半透明和不透明　　　　　　B. 透明和不透明

　　C. 不透明和透明　　　　　　　D. 透明和半透明

3. （　　）效果是一款工业级别的蓝幕或绿幕键控器，它在制作专业品质的抠像效果方面表现出色。

　　A. 线性颜色键　　　　　　　　B. 颜色范围

　　C. 颜色差值键　　　　　　　　D. Keylight（1.2）

二、判断题

1. 选中需要进行抠像的图层，在菜单栏中选择"效果"＞"生成"＞"Keylight（1.2）"命令，即

可为该图层添加"Keylight（1.2）"效果。（　　　）

2．如果感觉黑色背景不能很好地观察抠像效果，可以添加一个适当颜色的纯色图层，以便更好地观察抠像效果。（　　　）

3．"调整柔和遮罩"效果用于优化遮罩边缘细节和过渡效果。（　　　）

三、操作题

1．采用合适的抠像方法抠除"人物1.mp4"视频中的背景（素材文件\第9章\思考与练习）。

2．采用合适的方法替换"人物2.mp4"视频中的天空背景（素材文件\第9章\思考与练习）。

9.4　项目实训：替换天空背景

【实训目标】

在9.2.3小节课堂案例的抠像基础上，将原先的灰蒙蒙天空替换成蓝天白云天空。

【实训步骤】

首先，添加天空素材并对该素材应用"智能模糊"效果，使其能够自然地与人物背景相融合；接着，使用跟踪运动技术确保天空素材在动态场景下也能与人物背景保持协调。最后，利用蒙版技术处理人物素材因抠像造成的部分像素缺失问题。本实训效果如图9-23所示，下面介绍一下具体的操作步骤。

（1）打开9.2.3小节课堂案例的项目文件（素材文件\第9章\课堂案例 使抠像后的边缘更自然.aep），将其另存为"项目实训：替换天空背景.aep"项目文件。

图9-23

（2）导入图9-24所示的"蓝天白云素材.mp4"天空素材（素材文件\第9章），并将其拖曳至"时间轴"面板中。

（3）选中"蓝天白云素材.mp4"图层，在菜单栏中选择"效果">"模糊和锐化">"智能模糊"命令，为该图层添加"智能模糊"效果。"效果控件"面板中会显示"智能模糊"效果的各项属性，如图9-25所示。

图9-24

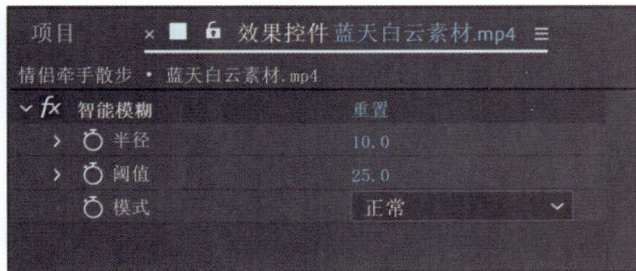

图9-25

（4）将"半径"设置为"10.0"，增强模糊效果。此时，"合成"面板中的天空背景就有了较好的虚化效果，和远景的融合也显得比较自然，如图9-26所示。

图9-26

（5）创建跟踪效果。由于前景情侣人物是动态的，背景天空也是动态的，因此要想让替换后的天空背景在动态下也能和前景很好地融合，就需要创建跟踪效果。选中"情侣牵手散步.mp4"图层，在"效果控件"面板中单击"颜色范围"和"调整柔和遮罩"效果左侧的 **fx** 图标，将这些效果临时关闭，以加快渲染，如图9-27所示。

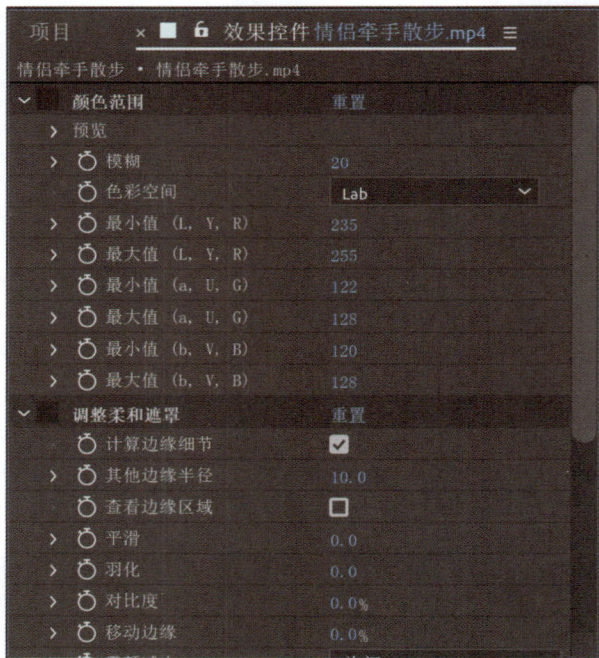

图9-27

（6）按空格键播放视频，寻找画面中容易跟踪的点，而且这个点要贯穿整个视频，这里就以房子的屋顶作为一个跟踪点，它在整个视频中一直存在。在菜单栏中选择"窗口"＞"跟踪器"命令，在"跟踪器"面板中单击"跟踪运动"按钮，"合成"面板中就会出现"跟踪点1"方框，将其移到房子屋顶区域，并调整"跟踪点1"方框至合适大小，如图9-28所示。

图9-28

（7）单击"向后分析"按钮，等待分析出跟踪路径，如图9-29所示。

图9-29

（8）在"效果控件"面板中单击"颜色范围"和"调整柔和遮罩"效果左侧的黑块图标，将这些效果恢复。

（9）在"项目"面板的空白处单击鼠标右键，在弹出的快捷菜单中选择"新建">"空对象"命令，创建一个"空1"图层。

（10）将跟踪路径应用于"空1"图层。选中"情侣牵手散步.mp4"图层，在"跟踪器"面板中单击"编辑目标"按钮，弹出"运动目标"对话框，选中"图层"单选项，在右侧的下拉列表中选择"1.空 1"选项，单击"确定"按钮，如图9-30所示。

图9-30

157

（11）在"跟踪器"面板中单击"应用"按钮，弹出"动态跟踪器应用选项"对话框，保持"应用维度"为"X和Y"，单击"确定"按钮。

（12）选中"蓝天白云素材.mp4"图层，拖曳右侧的"父级关联器"至"空1"图层，使两个图层链接，这样在播放这个视频的时候，天空就会和背景融合到一起。

（13）放大"蓝天白云素材.mp4"图层。展开"蓝天白云素材.mp4"图层的"变换"属性，设置"缩放"为"135.0,135.0%"，使视频在整个播放过程中都不会露出黑屏，如图9-31所示。

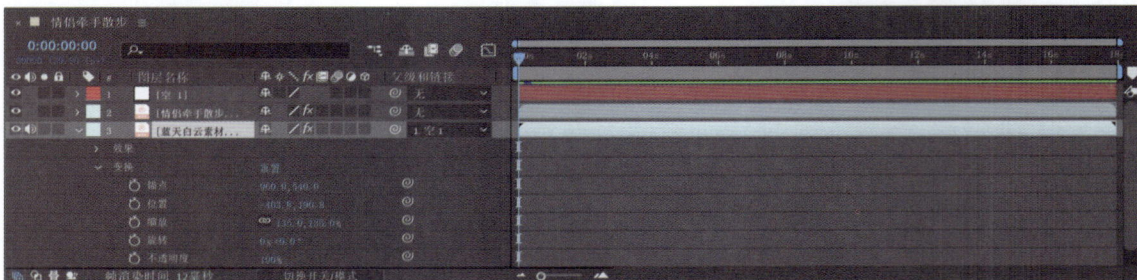

图9-31

（14）解决抠像引起的像素缺失问题。在"项目"面板中拖曳"情侣牵手散步.mp4"到"时间轴"面板的第1层，并将其重命名为"蒙版"。在"合成"面板中，将画面的放大率缩小到"50%"，选择钢笔工具 ，围绕缺失部分绘制封闭的路径，如图9-32所示。像素缺失问题解决，本实训制作完成。

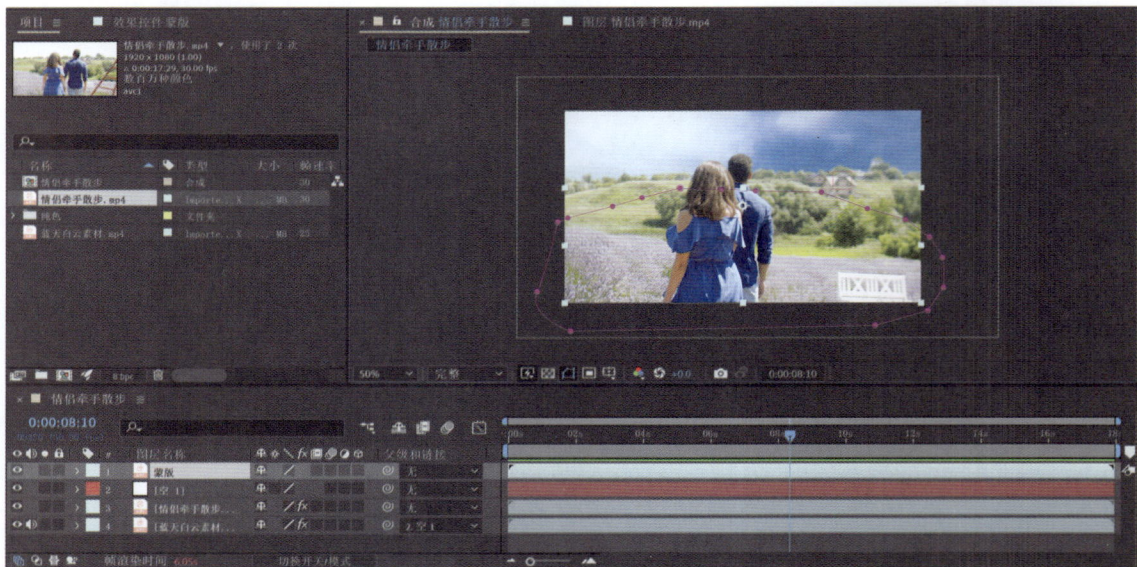

图9-32

第 10 章

内置效果和插件效果

本章导读

　　After Effects的内置效果和第三方插件（包括AI）效果在视频制作中扮演着至关重要的角色，它们提供了丰富的工具和功能，使用户能够快速实现各种创意效果，提升制作效率，丰富作品的表现力。

学习目标

- 掌握内置效果的用法
- 掌握第三方插件效果的用法
- 掌握AI插件效果的用法

10.1 常用内置效果组

After Effects 内置了很多效果，使用它们能够为视频添加各种动态和视觉效果，以增强视频的吸引力，提升观众的观看体验。

10.1.1 "勾画"效果

"勾画"效果主要用于为图像或文字添加动态的、具有艺术感的边框效果。通过调整该效果的属性，可以实现多样化的视觉效果，还可以为这些属性设置关键帧，制作出渐变动画，增强视觉动感。

选中需要添加"勾画"效果的图层，在菜单栏中选择"效果">"生成">"勾画"命令，即可为该图层添加"勾画"效果。下面介绍一下该效果的属性。

描边：选择描边的对象，可在右侧的下拉列表中选择"图像等高线"或"蒙版/路径"选项。

图像等高线：如果在"描边"下拉列表中选择了"图像等高线"选项，则该属性用于指定在描边中使用图像等高线的图层，以及如何设置输入图层。

蒙版/路径：用于指定描边的蒙版或路径。可以使用闭合或断开的蒙版。

片段：设置创建各描边等高线的片段的属性。

• **片段：**决定描边等高线被分成多少段。例如，"片段"设置为1，描边就是一整圈；"片段"设置为3，描边就会被分成三段，每段长度是总长度的三分之一。

• **长度：**控制每段描边的长度。例如，"片段"设置为1，描边长度就是围绕对象轮廓的一整圈；"片段"设置为3，每段的长度就是总轮廓的三分之一。

• **片段分布：**决定这些片段是如何分布的。其中，成簇分布是指片段一个接一个紧密排列，均匀分布是指片段在等高线周围均匀间隔开。

• **旋转：**给片段设置一个围绕形状移动的动画效果，增加描边动态感。

• **随机相位：**让每个等高线的描边起始点都不一样。默认情况下描边从最高点开始；如果设置了"随机相位"，描边的起点就会随机变化。

正在渲染：设置渲染的相关属性。

• **混合模式：**确定描边应用到图层的方式。可在右侧的下拉列表中选择"透明""上面""下面""模板"选项。其中，"透明"用于在透明背景上创建效果。"上面"用于将描边放置在现有图层的上面。"下面"用于将描边放置在现有图层的下面。"模板"用于将描边作为Alpha通道蒙版，并使用原始图层的像素填充描边。

• **颜色：**在不选择"模板"作为"混合模式"时，该属性用于指定描边的颜色。

• **宽度：**指定描边的宽度，以像素为单位。

• **硬度：**指定描边边缘的锐化程度或模糊程度。值为1时，可创建略微模糊的效果；值为0.0，可使线条变得模糊。

• **起始点不透明度/结束点不透明度：**指定描边起始点或结束点的不透明度。

• **中点不透明度：**指定描边中间部分的不透明度。如果将其设置为0，描边从中点到起始点和结束点的透明度会平滑过渡，好像中间根本没有点一样，整体看起来更加自然连贯；如果设置为一个大于0的值（如50%），描边的中间部分会有一定的透明度，描边看起来会在中间稍微淡一些，增加层次感。

• **中点位置：**指定片段内中点的位置。值越低，中点越接近起始点；值越高，中点越接近结束点。

图10-1所示为应用"勾画"效果制作的围绕鸟形Logo描边的灯光流动闪烁效果。

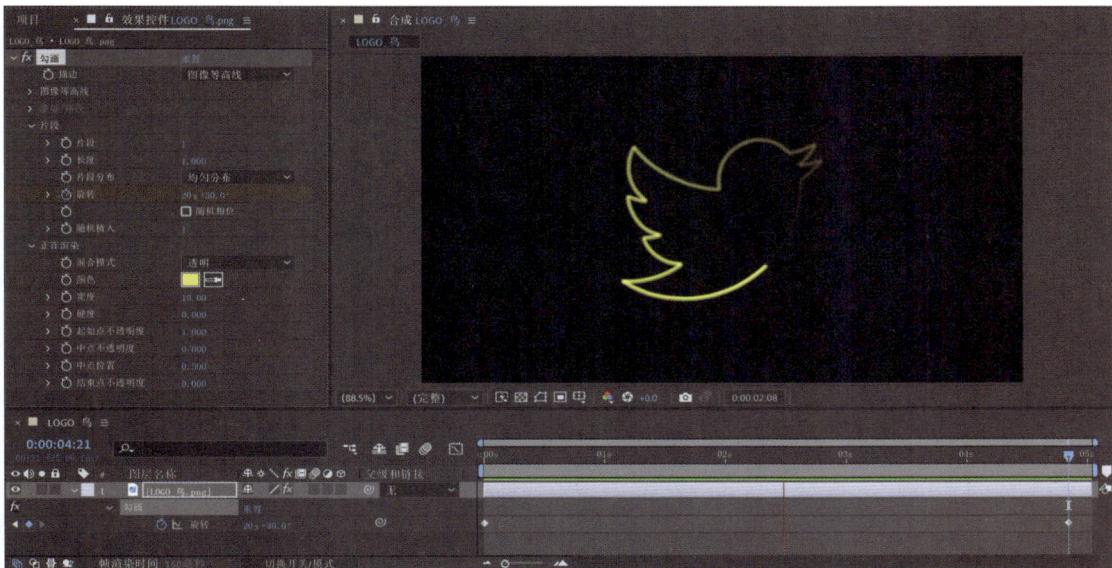

图10-1

10.1.2 "发光"效果

"发光"效果主要用于为物体或文字添加发光边缘，增强影像的光线效果和艺术感。

选择需要添加"发光"效果的图层，在菜单栏中选择"效果">"风格化">"发光"命令，即可为该图层添加"发光"效果。

发光基于： 确定发光是基于颜色通道还是Alpha通道。

发光阈值： 设置发光的亮度百分比。较低的百分比会使产生发光效果的区域增加；较高的百分比会使产生发光效果的区域减少。

发光半径： 设置发光效果从图像的明亮区域开始往外延伸的距离，以像素为单位。较大的值会产生漫射发光；较小的值会产生边缘锐化的发光。

发光强度： 发光的亮度。

发光操作： 指定发光效果和原始图层之间的混合方式，以此来生成不同的视觉效果。

合成原始项目： 指定如何合成效果结果和图层。可在右侧的下拉列表中选择"顶端""后面""无"选项。其中，"顶端"用于将发光效果放在图像顶端，以便使用为"发光操作"选择的混合方法；"后面"用于将发光效果放在图像后面，从而创建逆光结果；"无"用于从图像中分离发光效果，如果同时设置"发光操作"为"无"，则图层将仅显示发光效果，而原始图像内容会被隐藏。

发光颜色： 发光的颜色。选择"A和B颜色"选项时，可使用"颜色A"和"颜色B"指定的颜色创建渐变发光。

颜色循环： 设置"发光颜色"为"A和B颜色"时，该属性用于指定使用的渐变曲线的形状。

颜色循环： 是指颜色循环的具体次数（可小数）。1.0表示颜色按照其上面所选择的颜色循环完整地循环1次，10.0表示颜色将按照设定的循环方式连续循环10次。数值越大，颜色循环的次数越多，发光效果中颜色变化也就越丰富、越复杂。例如，制作一个闪烁的霓虹灯效果，如果想让霓虹灯颜色变化缓慢且简单，可设置较低的色彩循环次数（如1.0～3.0）；如果想让霓虹灯颜色变化快速且频繁，以营造出绚丽多彩的效果，可以设置较高的色彩循环次数（如8.0～10.0）。

色彩相位： 颜色周期（色相环）中，开始颜色循环的位置。

A和B中点： 指定渐变中使用的两种颜色之间的平衡点。若百分比较低，则A颜色较少；若百分比较高，则B颜色较少。

颜色A/颜色B： 设置"发光颜色"为"A和B颜色"时，这两个属性分别用于指定发光的颜色。

发光维度： 指定发光方向是水平、垂直或两者兼有。

图10-2所示为应用"发光"效果制作的围绕公司Logo渐变发光的效果。

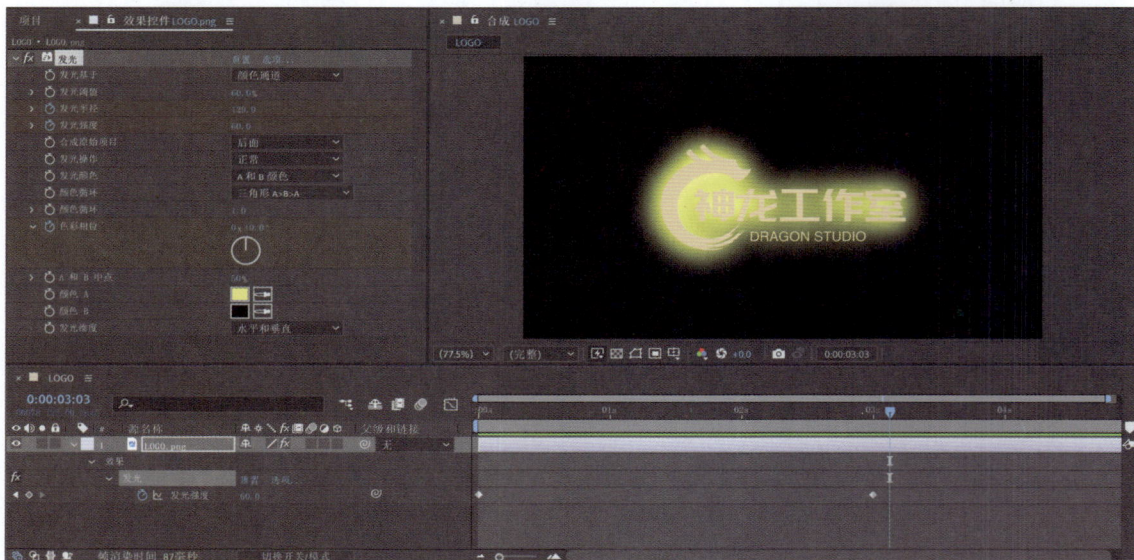

图10-2

10.1.3 "CC Light Sweep"效果

应用"CC Light Sweep"效果用以创建动态的光线扫描效果，常用于模拟一束光在图像上移动的效果。它支持Alpha通道并能基于Alpha通道边缘创造逼真的光照效果。

选中需要添加"CC Light Sweep"扫光效果的图层，在菜单栏中选择"效果"＞"Generate"＞"CC Light Sweep"命令，即可为该图层添加"CC Light Sweep"效果。

Center： 中心点，控制光线扫描效果的中心位置。可在"合成"面板中拖曳中心点以改变位置，通常通过设置中心点关键帧动画来实现光线扫描效果。

Direction： 方向，控制光线扫描的角度或方向。默认值为"0x-30°"。

Shape： 形状，控制光束的形状。在右侧的下拉列表中可选择以下3个选项。

- **Linear：** 线性，光束从光轴向外线性扩散。
- **Smooth：** 平滑，光束发散，无明显光轴。
- **Sharp：** 尖锐，默认选项。光束更多地集中在光轴。

Width： 宽度，控制光束的宽度。

Sweep Intensity： 扫描强度，控制光束的亮度或强度。

Edge Intensity： 边缘强度，光线在Alpha通道边缘上的亮度或强度。

Edge Thickness： 边缘厚度，光线在Alpha通道边缘上的宽度。

Light Color： 光线颜色，设置光线的颜色。

Light Reception： 光线接收，决定光线扫描效果如何与原始图像交互。在右侧的下拉列表中可选择以下3个选项。

- **Add:** 相加，将光线扫描效果混合到原始图像上。
- **Composite:** 合成，将光线扫描效果直接叠加到原始图像上，不混合。
- **Cutout:** 挖剪，仅显示光线扫描效果，无光照的区域变为透明。

图10-3所示为应用"CC Light Sweep"效果制作的文字光线扫描效果。

图10-3

10.1.4 "马赛克"效果

应用"马赛克"效果可使用纯色矩形填充图层，以使原始图像像素化。此效果可用于模拟低分辨率显示，以及遮蔽人物面部。

选中需要添加"马赛克"效果的图层，在菜单栏中选择"效果">"风格化">"马赛克"命令，即可为该图层添加"马赛克"效果。

水平块/垂直块： 每行或每列中的块数。

锐化颜色： 勾选该复选框，可以为每个拼贴（小方块）提供原始图像相应区域中心的像素颜色。取消勾选，则为每个拼贴（小方块）提供原始图像相应区域的平均颜色。

图10-4所示为应用"马赛克"效果制作的在视频中持续遮蔽女孩面部的效果。

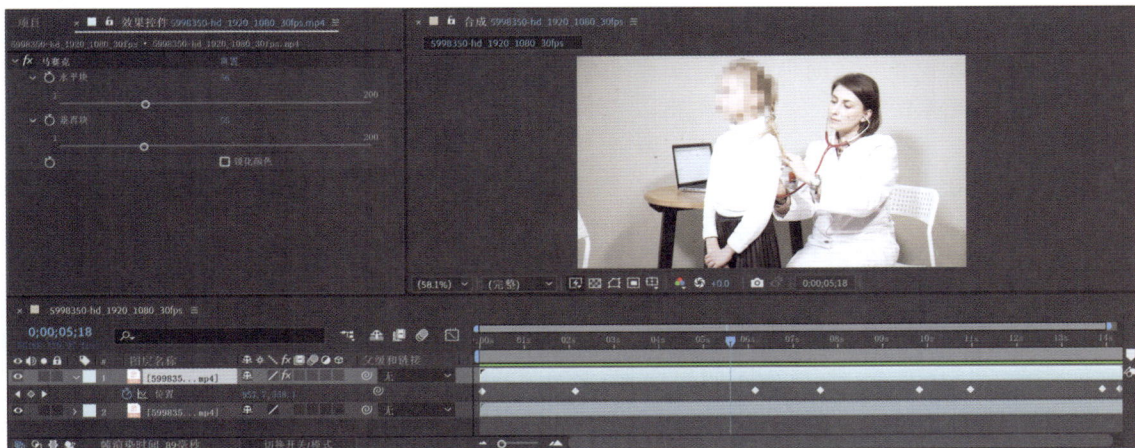

图10-4

10.1.5　课堂案例——制作乌云天空闪电效果

本案例主要应用"高级闪电""固态层合成""发光""曝光度"等效果制作出较为真实的闪电效果，具体操作步骤如下。

（1）新建项目，在菜单栏中选择"文件">"导入">"文件"命令，弹出"导入文件"对话框，在该对话框中选择素材"乌云_闪电素材.mp4"（素材文件\第10章），并勾选"创建合成"复选框，单击"导入"按钮即可将素材文件导入。

（2）新建纯色图层。在"时间轴"面板的空白处单击鼠标右键，在弹出的快捷菜单中选择"新建">"纯色"命令，弹出"纯色设置"对话框，在该对话框中将"颜色"设置为黑色，单击"确定"按钮。

（3）在"黑色纯色1"图层上单击鼠标右键，在弹出的快捷菜单中选择"效果">"生成">"高级闪电"命令，即可为该图层添加"高级闪电"效果。

（4）在"效果控件"面板中，将"闪电类型"设置为"随机"，将"传导率状态"设置为"3.4"（调整这个属性，可以使闪电在动画中表现出不同的效果，比如闪烁、移动或分叉等）。展开"发光设置"属性，将"发光半径"设置为"1.0"，调整"源点"的值，即调整标志点到合适的位置，勾选"主核心衰减"复选框，将"衰减"设置为"0.13"，如图10-5所示。

10-1　制作乌云天空闪电效果

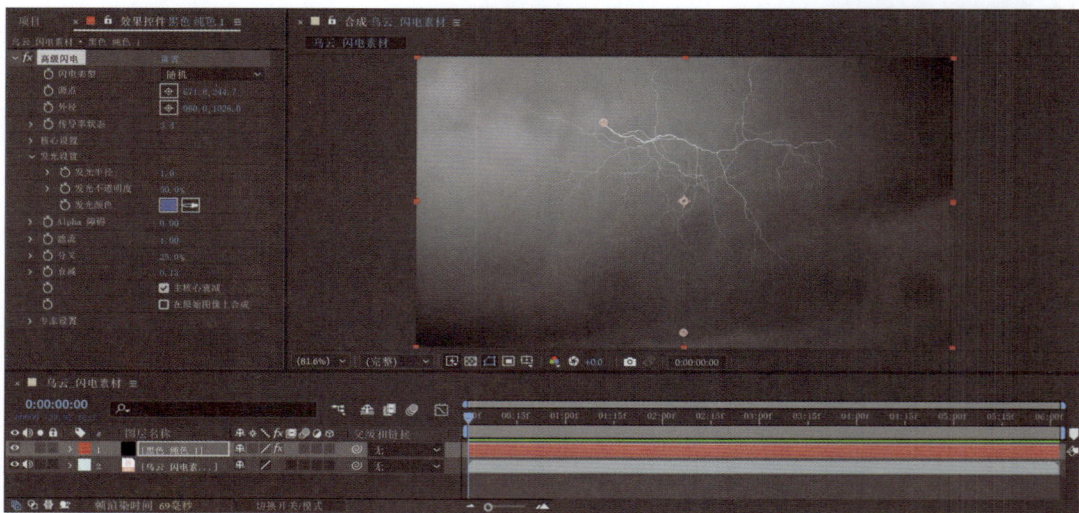

图10-5

（5）在"合成"面板中拖动"源点"标志点，再选择一个合适的"源点"位置。展开"核心设置"属性，设置"核心半径"为"5.0"，此时拖动"外径"标志点，就可以看到闪电延伸的效果。添加"外径"关键帧，让"外径"标志点在此时和"源点"标志点重合，如图10-6所示。

（6）将时间指示器拖曳至0:00:02:00，再次添加一个"外径"关键帧，向下拖动"外径"标志点到合适的位置，这样就有了闪电生成的效果，如图10-7所示。

（7）为"核心不透明度"添加关键帧。将时间指示器从第2个"外径"关键帧向左移一段距离，添加"核心不透明度"关键帧，设置"核心不透明度"为"100.0%"；然后将时间指示器拖曳至0:00:02:18，再次添加一个关键帧，设置"核心不透明度"为"0.0%"，让闪电形成一个逐渐消失的效果，如图10-8所示。

（8）按住"Alt"键的同时，单击"效果控件"面板中"核心半径"前的"时间变化秒表"按钮 ⏱，然后输入"wiggle(7,3)"表达式，如图10-9所示，这样闪电的半径就会发生随机变化，闪电会显得更自然。

（9）预合成闪电层。在"黑色 纯色1"图层上单击鼠标右键，在弹出的快捷菜单中选择"预合成"命令，打开"预合成"对话框。在该对话框中，选中"将所有属性移动到新合成"单选项，设置"新合成名称"为"闪电"，然后单击"确定"按钮，如图10-10所示。

（10）添加"固态层合成"效果。在"闪电"图层上单击鼠标右键，在弹出的快捷菜单中选择"效果">"通道">"固态层合成"命令，为该图层添加"固态层合成"效果。在"固态层合成"效果选项中设置"颜色"为黑色。

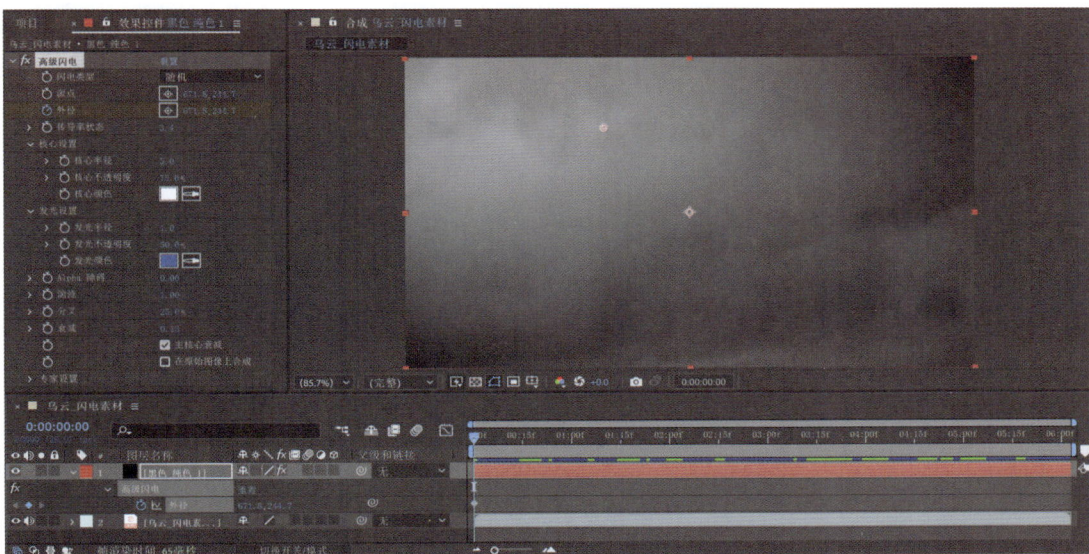

图10-6

图10-7

（11）添加"发光"效果。在"闪电"图层上单击鼠标右键，在弹出的快捷菜单中选择"效果">"风格化">"发光"命令，为该图层添加"发光"效果。在"发光"效果选项中，设置"颜色A"为浅蓝色，色值为"R: 95，G: 180，B: 252"；设置"颜色B"为深蓝色，色值为"R: 0，G: 144，B: 255"；设置"发光颜色"为"A和B颜色"；设置"发光阈值"为"0.0%"；设置"发光半径"为

"30.0"；设置"发光强度"为"0.5"，如图10-11所示。

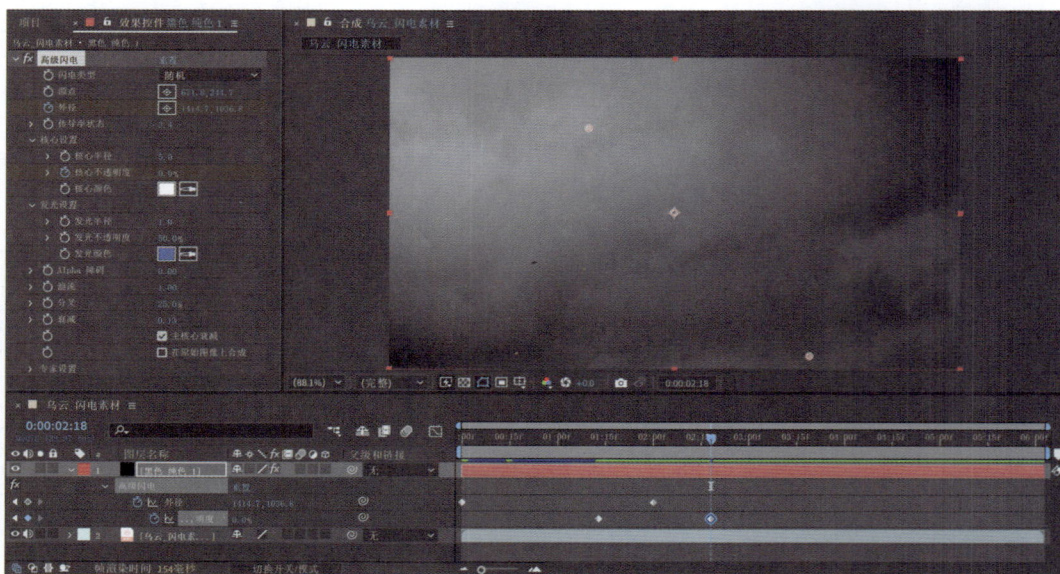

图10-8

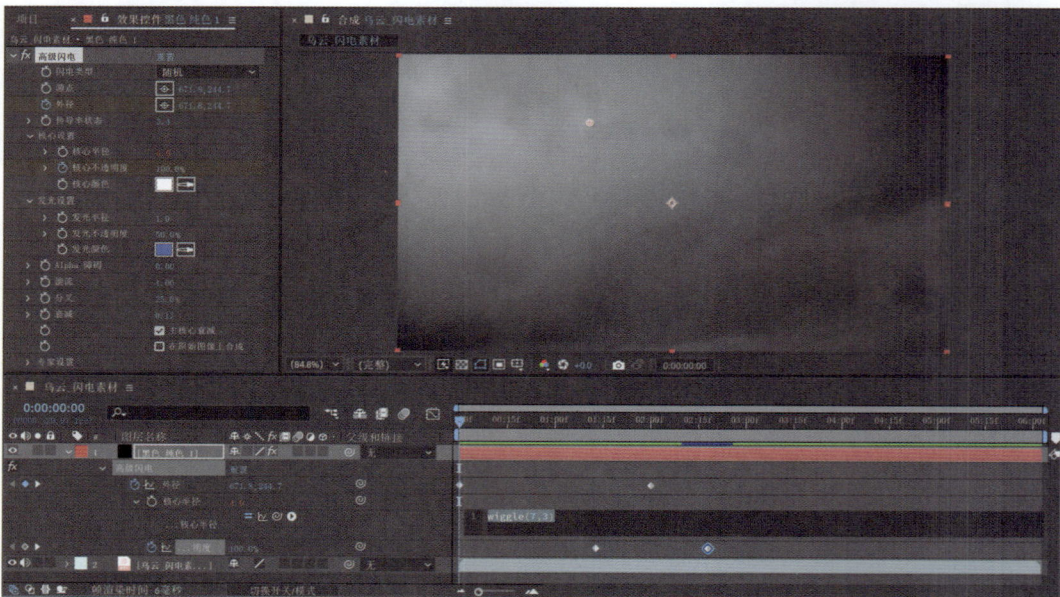

图10-9

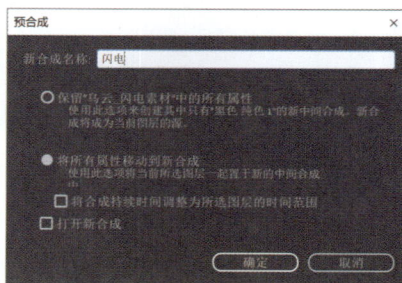

图10-10

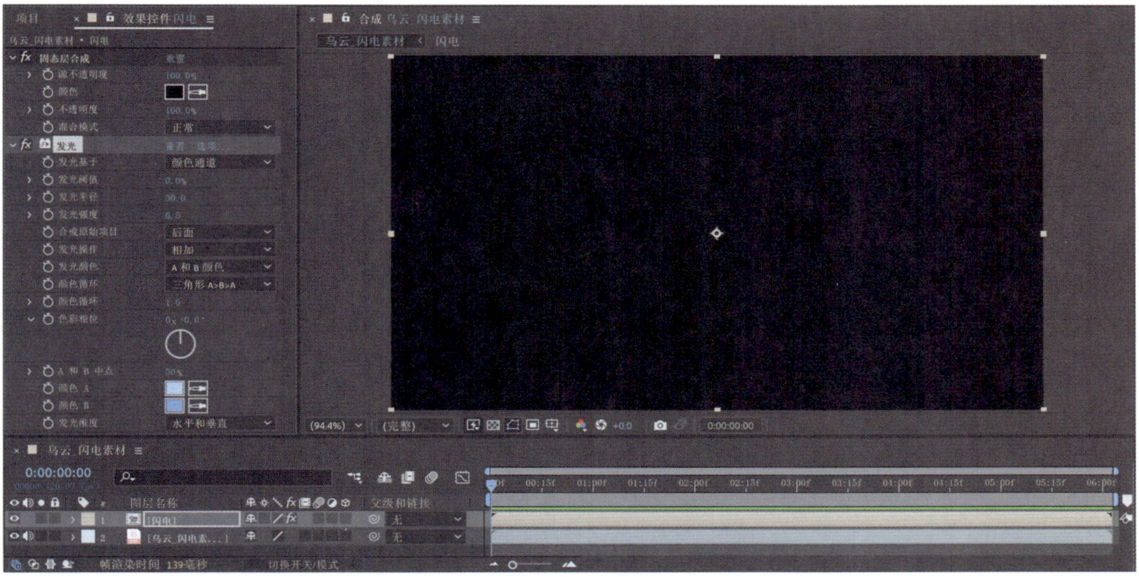

图10-11

（12）复制一层"发光"效果。将鼠标指针移到"效果控件"面板中的"发光"效果上，单击鼠标右键，在弹出的快捷菜单中选择"复制"命令，得到"发光 2"效果。把"发光颜色"改为"原始颜色"，把"发光强度"改为"0.1"，把"发光半径"改为"100.0"。

（13）再次复制一层发光效果，仅把"发光半径"改为"500.0"。这样，闪电发光的效果就做好了。

（14）添加"曝光度"效果。按住"Alt"键的同时单击"效果控件"面板中"主"属性"曝光度"前面的"时间变化秒表"按钮 ，然后输入"wiggle(9,3)"，如图 10-12 所示。闪电闪烁效果如图 10-13 所示。

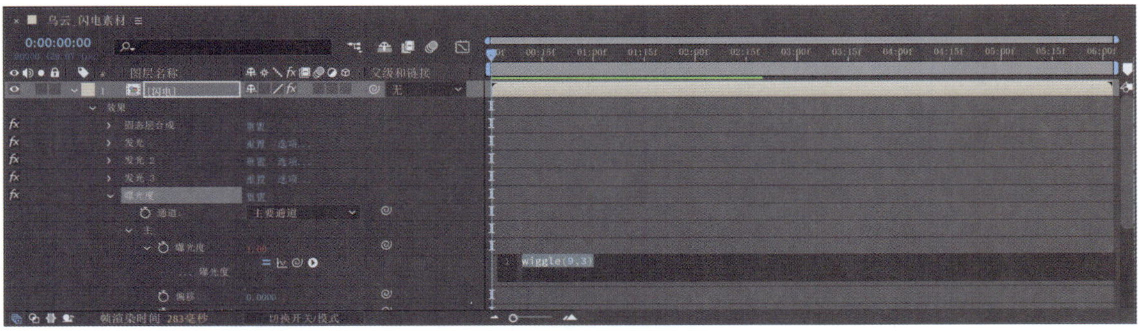

图10-12

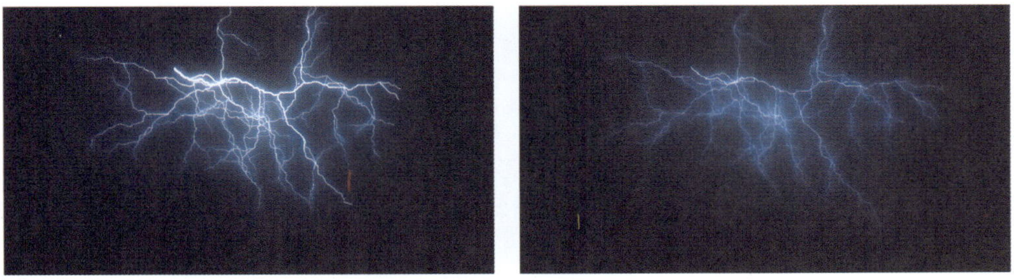

图10-13

（15）把混合模式改为"相加"。在"闪电"图层上单击鼠标右键，在弹出的快捷菜单中选择"混合模式"＞"相加"命令。至此，一个比较真实的闪电效果就做好了，按下空格键即可预览效果，如图10-14所示。

图10-14

10.2　插件效果

虽然使用After Effects的内置效果能够制作出多种专业级特效，但是有些时候仅使用内置效果仍显不足。为此，第三方公司提供了多种专业级插件效果，这些第三方插件可以显著增强视频编辑和特效制作的功能，帮助用户实现高质量视觉效果的制作。

10.2.1　Optical Flares

"Optical Flares"是一款由Video Copilot出品的功能强大的After Effects插件，用于在After Effects里创建逼真的镜头耀斑特效动画，具有操作方便、效果绚丽、渲染迅速等特点。该插件需要单独安装才能使用。

选中需要添加"Optical Flares"效果的图层，在菜单栏中选择"效果"＞"Video Copilot"＞"Optical Flares"命令，即可为该图层添加"Optical Flares"效果。

光晕设置： 单击"Options"按钮，弹出图10-15所示的"Optical Flares Options"窗口。在该窗口中可以任意组合镜头光晕的形状，设置完成后单击"OK"按钮即可。

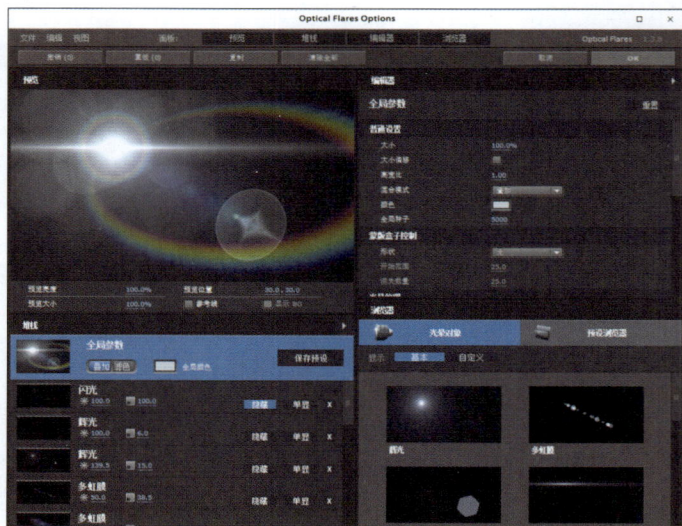

图10-15

位置XY： 控制主光源在X轴和Y轴的位置。

中心位置： 指的是主光源到晕影边缘的中间位置。可以控制晕影的长短。

亮度： 控制主光源的亮度。

大小： 控制主光源的大小。

大小偏移： 勾选该复选框，可以调整光晕的缩放偏移量，改变光晕在不同位置的显示大小，使光晕在不同视角呈现出不同的视觉效果。

旋转偏移： 控制光晕的旋转方向和角度，使其在画面中呈现出不同的运动轨迹和视觉效果。

颜色： 控制光效的颜色。

颜色模式： 指定如何对光晕颜色进行定义、混合与调整的方式。可以选择"色调"或"正片叠底"选项。

动画演变： 控制光晕的动画效果。

GPU： 控制是否采用显卡加速。

位置模式： 控制光晕和耀斑的位置和方向。

前景层： 用于定义光晕效果的覆盖区域。通过调整"前景层"属性，用户可以控制光晕效果出现在视频的特定部分，如人物、物体或背景的边缘。这样可以确保光晕效果只出现在需要强调的区域，在增强视觉效果的同时不会干扰其他部分。

闪烁： 可调整闪烁的"类型""速度""数值""随机多光晕""随机种子"等属性，以达到理想的闪烁效果。

运动模糊： 可使运动变得更平滑，场景更逼真。

渲染模式： 可以控制光晕效果是否包含背景，或者是否只显示光晕效果本身。在右侧的下列列表中可以选择"黑色""透明""在原始"3个选项。

如图10-16所示为应用"Optical Flares"光晕效果制作的片头标题文字特效。

图10-16

10.2.2　Easy Comp

"Easy Comp"是一款专为After Effects设计的插件，它利用AI技术进行素材合成和自动颜色匹配，极大地提升了特效合成的效率和效果，成为影视后期制作不可或缺的工具。

"Easy Comp"插件的使用方法非常简单，下面就以在古城夜景街道视频中完美融入古装人物为例，介绍该插件的使用方法。

（1）新建项目，单击"从素材新建合成"按钮，导入背景视频素材"古城夜景街道.mp4"文件（素材文件\第10章）。

（2）导入前景图片素材。在"项目"面板中导入图片素材"清朝古装.png"（素材文件\第10章），并将其拖曳至"时间轴"面板中的第一层，然后将其调整到视频的左侧。可以看出，前景中的古装人物并没有很好地融入背景视频，如图10-17所示。

图10-17

（3）创建调整图层。在"时间轴"面板的空白处单击鼠标右键，在弹出的快捷菜单中选择"新建"＞"调整图层"命令。

（4）为调整图层添加"Easy Comp"效果。在"调整图层 1"上单击鼠标右键，选择"效果"＞"Blace Plugins"＞"Easy Comp"命令即可添加"Easy Comp"效果，如图10-18所示。

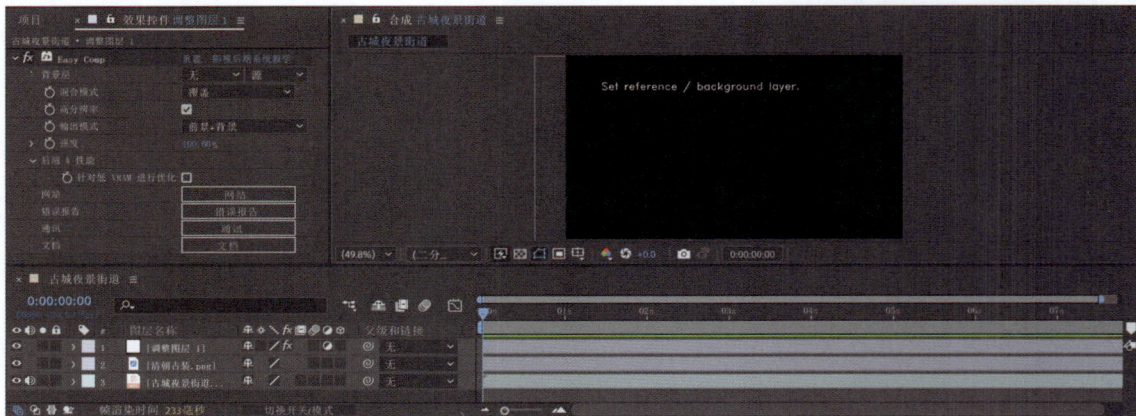

图10-18

背景层： 指定背景图层。

混合模式： 有"覆盖"和"混合"两种选项，其中"覆盖"表示前景覆盖在背景上面，"混合"表示前景与背景混合。

强度： 融合的强度。

（5）在"背景层"的第一个下拉列表中，选择"3.街道古城夜景.mp4"选项，指定该图层为背景图层。然后单击"古城夜景街道.mp4"图层左侧的◉图标，将该图层隐藏。

（6）适当调整"强度"，可以更好地改善融入程度。背景视频由两段不同色调的视频组成，按空格键查看效果，如图10-19所示。

图10-19

10.2.3　课堂案例——制作花瓣飘落效果

本案例主要应用"Particular"效果制作花瓣飘落效果，具体操作步骤如下。

（1）新建项目，单击"新建合成"按钮，弹出"合成设置"对话框。在"预设"下拉列表中选择"社交媒体横向 HD·1920×1080·30 fps"选项，设置"持续时间"为0:00:05:00，"背景颜色"设置为黑色，其他选项保持不变，单击"确定"按钮。

（2）创建纯色图层。在"时间轴"面板的空白处，单击鼠标右键，在弹出的快捷菜单中选择"新建">"纯色"，并命名为"粒子"。

（3）导入素材文件。从素材文件夹（素材文件\第10章）拖曳"玫瑰花花瓣素材.png"和"情侣照片素材.jpg"两个素材文件到"项目"面板中。然后将素材"玫瑰花花瓣素材.png"拖曳至"时间轴"面板中。

（4）为"粒子"图层添加"Particular"效果。在"粒子"图层上单击鼠标右键，在弹出的快捷菜单中选择"效果">"RG Trapcode">"Particular"命令，此时"项目"面板就会切换到"效果控件"面板。

（5）展开"发射器"属性，将"发射器类型"设置为"盒子"（粒子从一个立体的盒子发射出来，适用于需要粒子在三维空间中均匀分布的场景）。将"粒子/秒"设置为"100"（减少默认的粒子数）；将"位置"设置为"960.0，−320.0，0.0"，让粒子从屏幕上方发出；将"发射器大小"设置为"XYZ独立"，以便能够分别设置3个坐标轴的发射器大小；将"发射器大小 X"设置为"1900"，"发射器大小 Y"设置为"1100"，"发射器大小 Z"设置为"2200"，如图10-20所示。

（6）设置"粒子"属性。展开"粒子"属性，将"生命（秒）"设置为"5.0"；将"粒子类型"设置为"精灵"，以便能将粒子设置为花瓣；展开"精灵控制"属性，将"图层"的第一个下拉列表中选择"2.玫瑰花花瓣素材.png"选项，此时粒子就变为了花瓣；将"大小"设置为"60.0"，将粒子变大一些；将"大小随机"设置为"50.0%"，让粒子大小具有一定的随机性；展开"生命期间大小"属性，单击"Presets"按钮，在弹出的对话框中选择"Linear Slope"（线性坡度），让粒子大小随着时间按线性坡度逐渐减少，如图10-21所示。

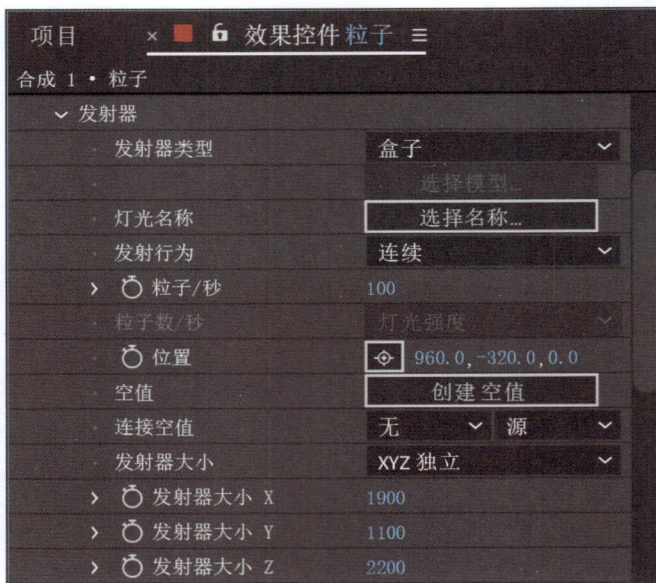

图10-20

（7）展开"旋转"属性，将"随机旋转"设置为"20.0"，让花瓣的旋转具有一定的随机性；设置"随机旋转速度"为"1.0"，让花瓣旋转的速度较慢；设置"透明度随机"为"30.0%"，让花瓣的不透明度具有一定的随机性，如图10-22所示。

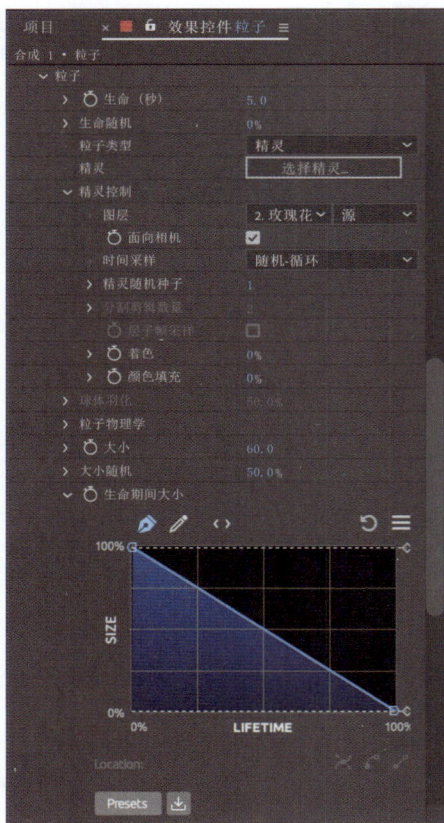

图10-21

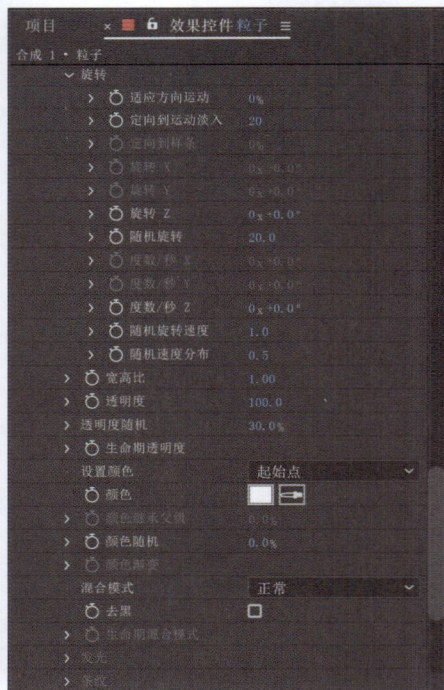

图10-22

（8）设置"环境"属性。展开"环境"属性，将"重力"设置为"10.0"，使花瓣向下飘落；设置"风力 X"为"200.0"，设置"风力 Y"为"260.0"，设置"风力 Z"为"20.0"，这样设置，X、Y轴方向的风力大，Z轴方向的风力较小，视觉效果更逼真；设置"影响位置"为"200.0"，设置风力对位置的影响程度；将"随风移动"设置为"10%"，让一定比例的花瓣随风移动，如图10-23所示。

（9）切换到"项目"面板，将"情侣照片素材.jpg"拖曳至"时间轴"面板中，隐藏"玫瑰花花瓣素材.png"图层。此时"合成"面板的画面如图10-24所示，可以看到画面较为生硬。

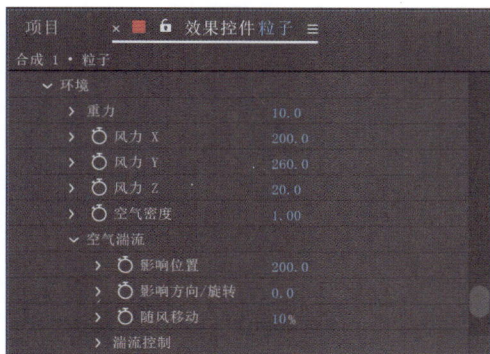

图10-23　　　　　　　　　　　　　　　　　　　图10-24

（10）创建能使画面融合的渐变背景。新建纯色图层，将其命名为"渐变"，并将其拖曳至最后一层。为该图层应用"生成"效果组中的"梯度渐变"效果，设置"起始颜色"的色值为"R：255，G：185，B：241"，设置"结束颜色"的色值为"R：111，G：31，B：56"，得到一个粉红色的渐变背景。

（11）在"情侣照片素材.jpg"图层上创建蒙版。在该图层上单击鼠标右键，选择"蒙版"＞"新建蒙版"命令，按"Ctrl+T"快捷键，拖动边框，缩小蒙版到合适的大小，设置"蒙版羽化"为"133.0,133.0像素"，将该图层的"混合模式"设置为"叠加"，如图10-25所示。

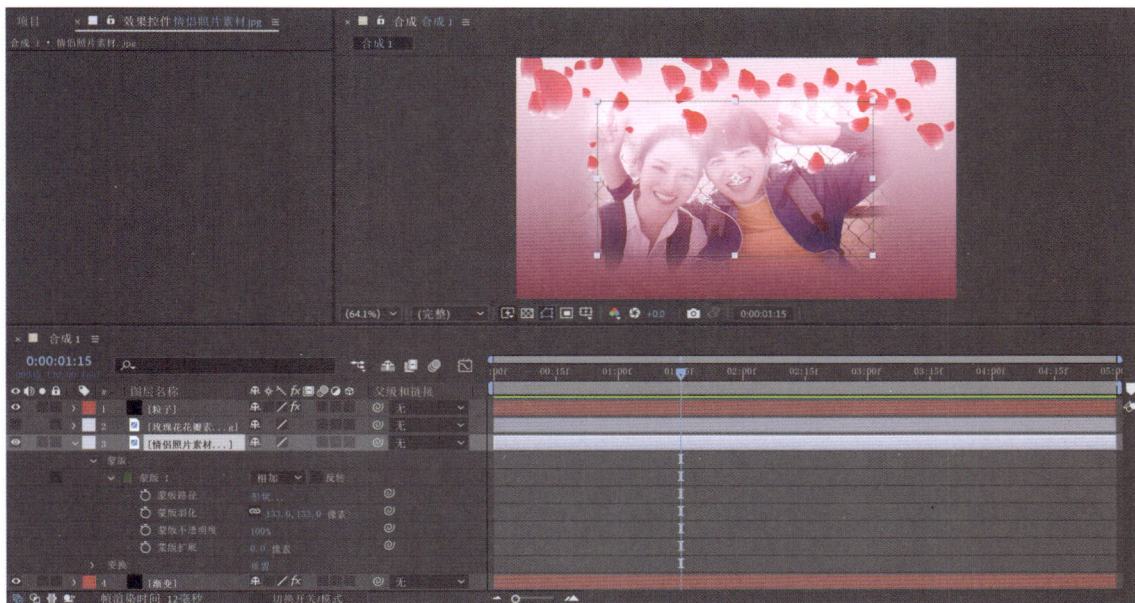

图10-25

（12）现在花瓣看起来与背景有些不太协调，将"粒子"图层的"不透明度"设置为"60%"，按空格键查看效果，此时画面整体看起来就比较协调了，如图10-26所示。

图10-26

10.3　思考与练习

一、单选题

1. 在After Effects中，设置效果属性是在（　　　）面板中进行的。
   A. 效果控件　　　B. 项目　　　　　C. 时间轴　　　　D. 音频
2. "勾画"效果属于（　　　）效果组。
   A. 风格化　　　　B. 生成　　　　　C. 过渡　　　　　D. 通道
3. 使用（　　　）效果可以创建一个动态的光线扫描效果，常用于模拟一束光在图像上移动的效果。
   A. 勾画　　　　　B. 发光　　　　　C. 马赛克　　　　D. CC Light Sweep

二、判断题

1. 选中需要添加"发光"效果的图层，在菜单栏中选择"效果" > "生成" > "发光"命令，即可为该图层添加"发光"效果。（　　　）
2. 调整"高级闪电"效果的"传导率状态"属性，可以使闪电在动画中表现出不同的效果，比如闪烁、移动或分叉等。（　　　）
3. "马赛克"效果可使用纯色矩形填充图层，以使原始图像像素化。此效果可用于模拟低分辨率显示，以及遮蔽人物面部。（　　　）

三、操作题

1. 应用"CC Light Sweep"效果，为文本"赋能新时代"制作光线扫描效果。
2. 使用素材文件"情侣照片.jpg""樱花瓣.png"和"樱花瓣1.png"（素材文件\第10章\思考与练习）制作花瓣飘落效果。

10.4 项目实训：制作星星闪烁效果

【实训目标】

为一张银河星空照片制作星星闪烁效果。通过该实训，读者可进一步掌握多种效果和蒙版的使用方法。

【实训步骤】

首先，添加银河系图片并复制，对副本应用蒙版保留星空，用"曲线"调暗以突出星星，命名为"星星"图层。接着，创建黑色纯色图层，添加"分形杂色"效果生成黑白不规则圆，设置"演化"表达式使圆随机运动变化，将黑色图层设为"星星"图层的轨道遮罩，实现合成画面的星星动态效果。最后，用"Deep Glow"插件增强星星发光。本实训效果如图10-27所示，下面介绍一下具体的操作步骤。

图10-27

（1）新建项目，单击"新建合成"按钮，弹出"合成设置"对话框。在"预设"下拉列表中选择"社交媒体横向 HD · 1920×1080 · 30 fps"，设置"持续时间"为0:00:10:00，"背景颜色"为黑色，其他选项保持不变，单击"确定"按钮。

（2）导入素材文件。在素材文件夹（素材文件\第10章）中，拖曳"银河系图片.jpg"素材到"项目"面板中。然后再将其拖曳到"时间轴"面板中。

（3）复制图层。选中"银河系图片.jpg"图层，按"Ctrl+D"快捷键复制该图层，并将复制得到的图层命名为"星星"。

（4）为"星星"图层创建蒙版。选中"星星"图层，选择钢笔工具 ✐，沿星空边缘绘制路径，绘制好的路径如图10-28所示。这样以后为该图层添加的效果就仅对星空部分有效。

图10-28

（5）为"星星"图层添加"曲线"效果。从中点向右下拖动曲线，一边拖动，一边观察"合成"面板中的效果，当天空变黑，只露出发光的星星时，停止拖动，如图10-29所示。这些星星就是后面会闪烁的星星。

图10-29

（6）新建纯色图层，并为其添加"杂色和颗粒"效果组中的"分形杂色"效果。将"分形类型"设置为"动态"；将"对比度"设置为"600.0"；将"亮度"设置为"-3.0"；展开"变换"属性，将"缩放"设置为"30.0"；按住"Alt"键的同时单击"演化"左侧的"时间变化秒表"按钮 ，输入"time*300"。按空格键，"合成"面板中的图像已变为动态，如图10-30所示。

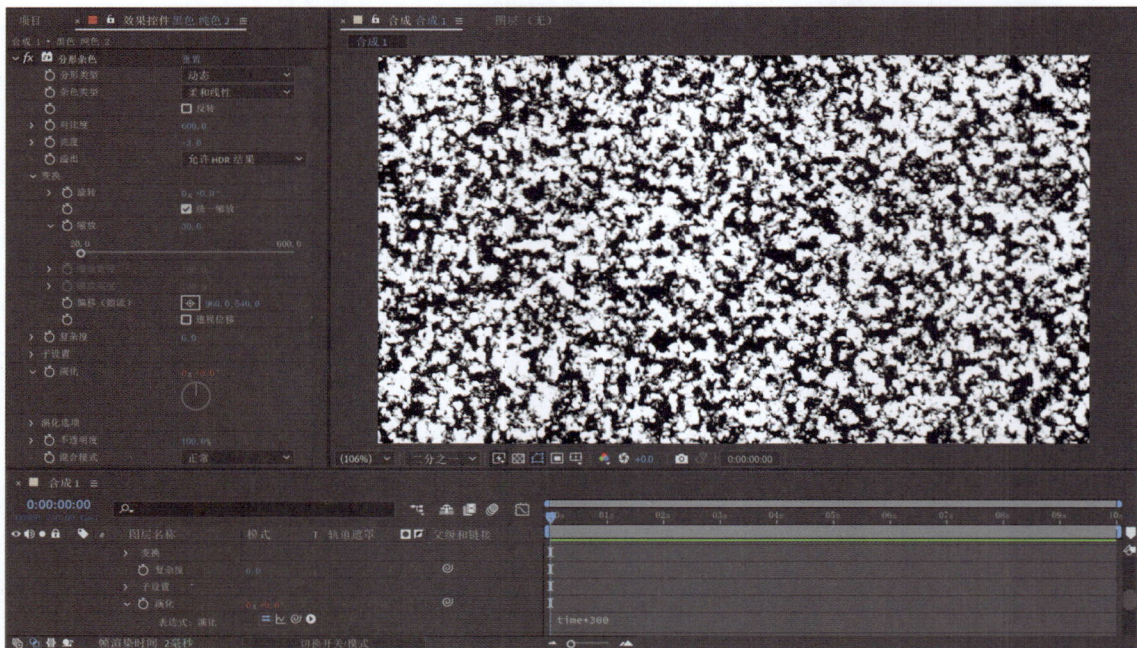

图10-30

（7）将"星星"图层的"轨道遮罩"设置为"黑色 纯色 1"，并将其切换为亮度遮罩，让星星因"分形杂色"效果而闪烁；将"模式"设置为"屏幕"，以便将星空正常显示出来，如图10-31所示。

图10-31

（8）为"星星"图层添加第三方发光插件"Deep Glow"效果。调整"半径"属性，以使星星的发光效果在合理范围内。一边调整，一边观察效果，直到效果看起来自然真实为止，这里将"半径"设置为"30.0"。按空格键预览星星闪烁的效果，如图10-32所示。

图10-32

第 **11** 章

合成效果预览及渲染输出

本章导读

　　本章将介绍视频后期制作中的两大关键环节：合成效果预览及渲染输出。读者将从学习影片的实时预演到生成影片预演的过程中，掌握快速预览合成效果的方法。同时，通过掌握保存文件、整理项目文件、使用渲染队列渲染输出等专业技巧，读者能够将制作的视频作品以最佳质量输出为多种格式，便于作品的最终展示与广泛分享。

学习目标

- 掌握影片实时预演和生成影片预演的方法
- 掌握保存项目文件的方法
- 掌握整理项目文件的方法
- 掌握将文件渲染输出为多种格式的方法

11.1 效果预览

在After Effects中，用户可使用多种方式进行效果预览，实时查看影片效果。

11.1.1 影片实时预演

影片实时预演是After Effects提供的一种快速预览方式，它允许用户实时查看视频效果。这种方式非常适合用于在编辑过程中快速检查动画、过渡和效果是否符合预期。

在编辑过程中，将时间指示器移至需要预览的位置，按空格键即可开始影片实时预演，观察动画和效果的实际表现。如果发现需要调整的地方，可以按空格键立即停止预演并进行修改。

11.1.2 生成影片预演

生成影片预演是指系统对画面进行运算，先生成预演文件，然后再播放。播放时的画面是平滑的，不会产生停顿或跳跃，所表现出来的画面效果和渲染输出的效果完全一致。

在"时间轴"面板中，通过拖动左右两端的工作区域标记（"工作区域开头"与"工作区域结尾"），为工作区域指定入点、出点，选择需要预览的部分。按快捷键"0"（数字键）即可生成影片预演。

11.1.3 课堂案例——预演"美食宣传片"部分内容

本案例借助"美食宣传片"这一项目文件，展示生成影片预演的操作，具体操作步骤如下。

（1）在菜单栏中选择"文件"＞"打开项目"命令，在"打开"对话框中选中项目文件"美食宣传片.aep"（素材文件\第11章\美食宣传片），如图11-1所示，单击"打开"按钮。

11-1 预演
"美食宣传片"
部分内容

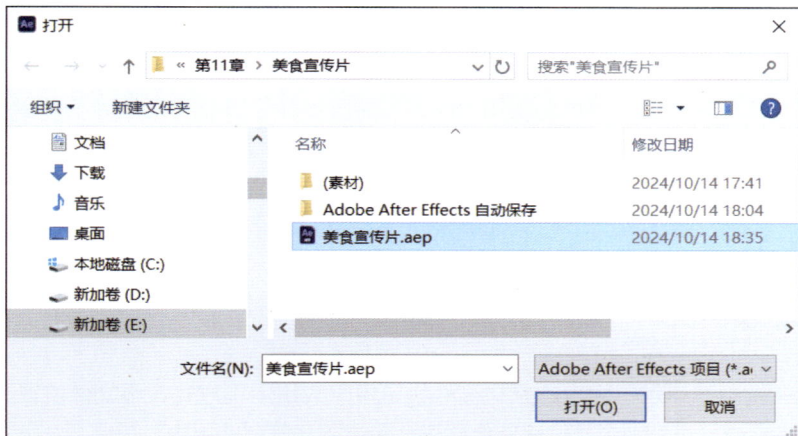

图11-1

（2）选择预演范围。在"时间轴"面板中，将时间指示器拖曳至0:00:00:18，然后将"工作区域开头"拖曳至此处作为入点；将时间指示器拖曳至0:00:04:02，然后将"工作区域结尾"拖曳至此处作为出点，如图11-2所示。

（3）按快捷键"0"（数字键）生成影片预演，并循环播放此处视频画面。

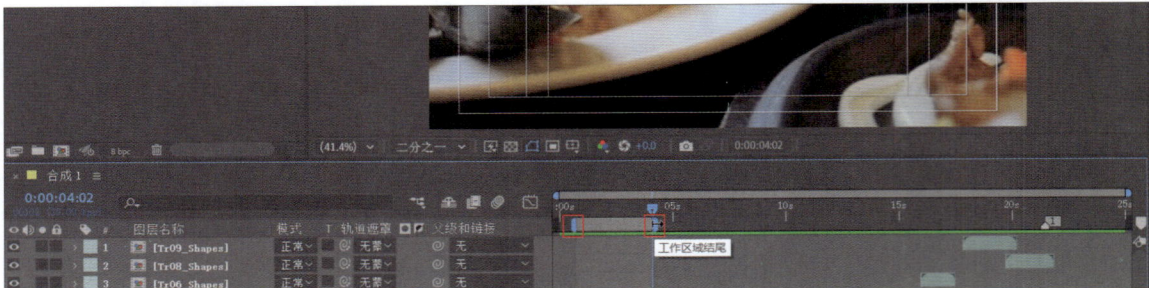

图11-2

11.2　渲染输出

渲染输出是将After Effects中的合成项目导出为最终视频文件的过程。这个过程包括保存项目文件和整理项目文件，以及使用渲染队列进行渲染和导出。

11.2.1　保存项目文件

使用"保存"命令可以保存当前项目文件，以便将来继续编辑。如果需要将当前项目文件存储为新文件，可以使用"另存为"命令。

1．保存文件

在菜单栏中选择"文件"＞"保存"命令或按"Ctrl+S"组合键，即可打开"另存为"对话框。在该对话框中设置文件的保存位置、输入文件名并选择文件保存类型后，单击"保存"按钮，即可将文件保存。

2．存储为新文件

当对已保存过的文件进行编辑后，使用"保存"命令进行存储将不会弹出"另存为"对话框，而是直接保存文件，并覆盖原始文件；如果要将编辑后的文件存储为新文件，可在菜单栏中选择"文件"＞"另存为"＞"另存为"命令或按"Ctrl+Shift+S"组合键，打开"另存为"对话框进行存储。

11.2.2　整理项目文件

导入After Effects"项目"面板的素材文件为链接（或引用）方式，源文件位置改变后，系统会提示缺失素材。将素材打包到一个文件夹备份保存，可以防止素材的丢失。

在菜单栏中选择"文件"＞"整理工程（文件）"＞"收集文件"命令，在弹出的"收集文件"对话框中单击"收集"按钮，如图11-3所示。在弹出的"将文件收集到文件夹中"对话框中，设置存储位置及文件名，单击"保存"按钮即可完成打包操作，如图11-4所示。

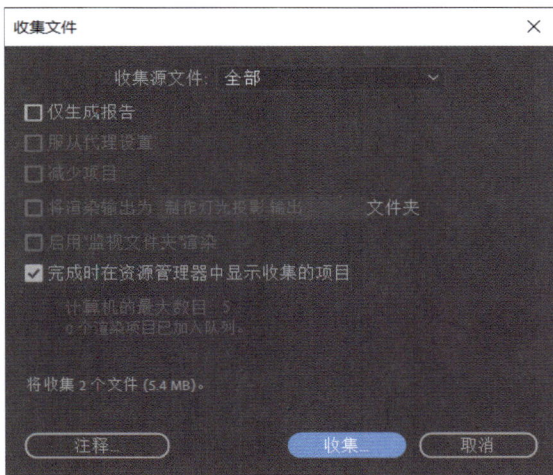

图11-3

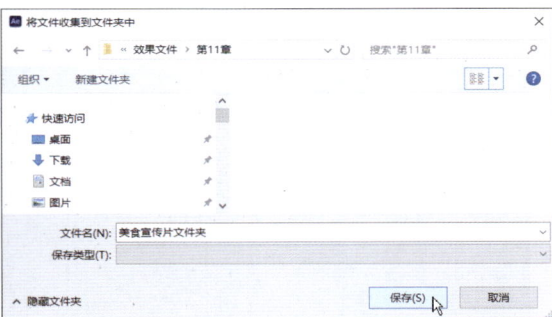

图11-4

11.2.3　使用渲染队列渲染输出

在菜单栏中选择"文件">"导出">"添加到渲染队列"命令或按"Ctrl+M"组合键，弹出"渲染队列"面板。在该面板中可以控制整个渲染过程，调整各个项目的渲染程序，设置每个合成项目的渲染质量、输出格式和输出位置等。在"渲染队列"面板中，先设置"渲染设置""输出模块""输出到"等选项，如图11-5所示，接着单击"渲染"按钮即可进行渲染。

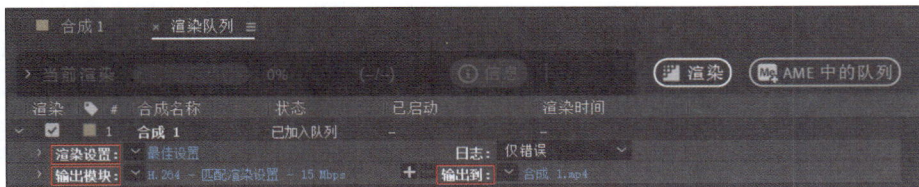

图11-5

1. 渲染设置

单击"渲染设置"选项右侧的蓝色文字，即可打开"渲染设置"对话框，如图11-6所示。在该对话框中，可对渲染的品质、分辨率、帧速率、自定义时间范围等进行设置。

2. 输出模块

单击"输出模块"选项右侧的蓝色文字，即可打开"输出模块设置"对话框，如图11-7所示。在该对话框中，可设置输出文件的格式、大小、裁剪、音频等参数。

在After Effects中可以渲染很多格式，如视频和动画格式、静止图像格式和图像序列、仅音

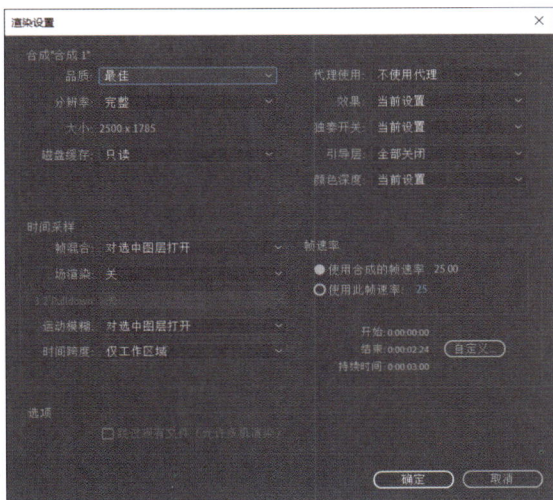

图11-6

频格式等。在"输出模块设置"对话框中的"格式"下拉列表中可以为输出文件或文件序列指定格式（常用输出文件格式：视频和动画格式有AVI、H.264和QuickTime；静止图像格式和图像序列有"JPEG"序列、"PNG"序列、"Photoshop"序列、"TIFF"序列等；仅音频格式有AIFF、MP3和WAV），如图11-8所示。

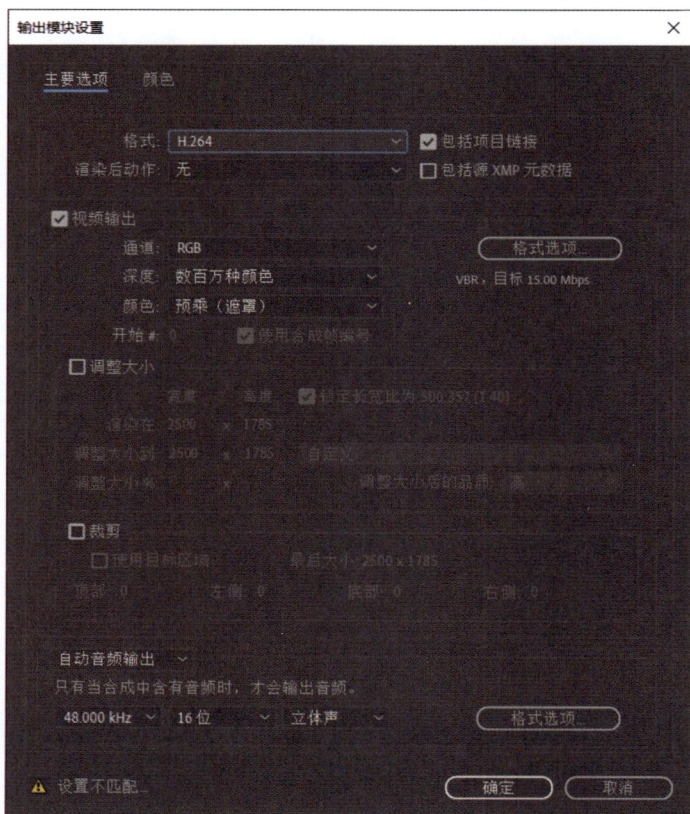

图11-7

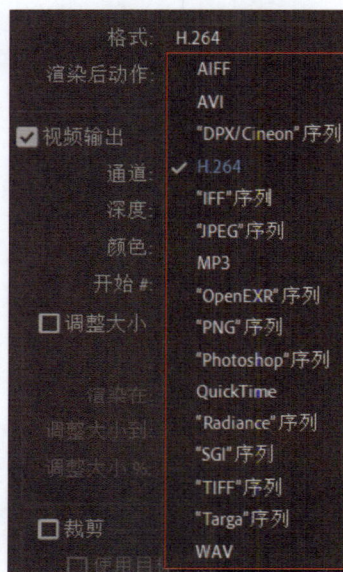

图11-8

💡 **提示与技巧**

如果需要高质量的视频输出和本地播放，可以选择AVI格式；如果需要网络传输和存储，或者希望在移动设备上观看视频，可以选择H.264格式；如果需要制作高质量的音视频内容，并希望具有良好的跨平台兼容性，特别是考虑到苹果设备，可以选择QuickTime格式。

💡 **提示与技巧**

在After Effects的"渲染队列"面板中，允许用户同时对多个项目进行渲染，从而提高工作效率。另外，用户可以通过选中想要删除的渲染项目，然后按"Delete"键将其从"渲染队列"面板中删除。

3. 输出到

单击"输出到"选项右侧的蓝色文字，即可打开"将影片输出到："对话框，如图11-9所示。在该对话框中，可设置输出文件的名称、输出位置、保存类型等参数。

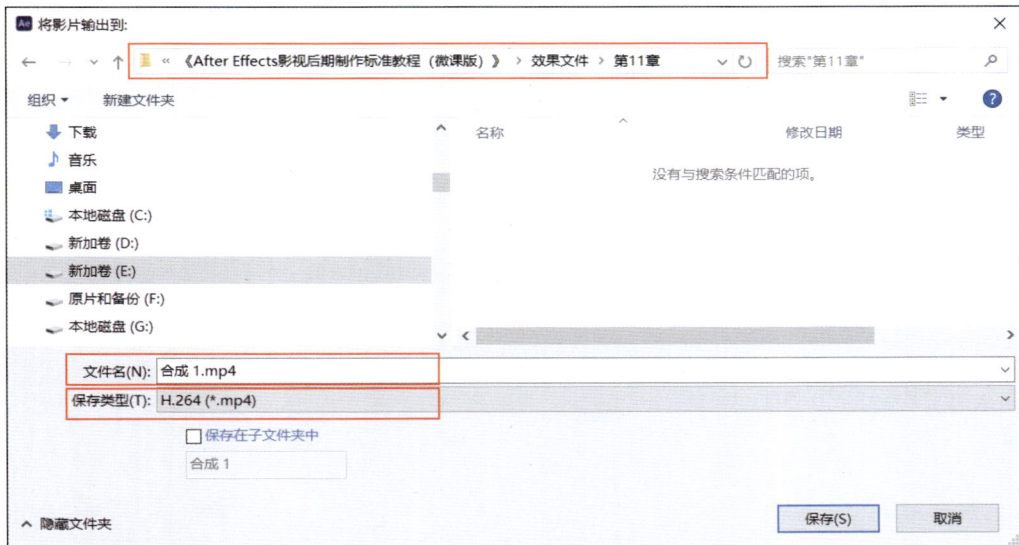

图11-9

11.2.4 课堂案例——渲染H.264格式的视频

本案例主要展示渲染H.264格式的视频，具体操作步骤如下。

（1）打开项目文件"美食宣传片.aep"（素材文件\第11章\美食宣传片）。

（2）在菜单栏中选择"文件">"导出">"添加到渲染队列"命令或按
"Ctrl+M"组合键，弹出"渲染队列"面板。

11-2 渲染H.264
格式的视频

（3）在"渲染队列"面板中，单击"渲染设置"选项右侧的蓝色文字，打开"渲
染设置"对话框，设置"品质"为"最佳"，如图11-10所示，单击"确定"按钮。单击"输出模
块"选项右侧的蓝色文字，打开"输出模块设置"对话框，设置"格式"为"H.264"，如图11-11
所示，单击"确定"按钮。单击"输出到"右侧的蓝色文字，打开"将影片输出到"对话框，设置名
称和输出位置，如图11-12所示，单击"保存"按钮。

（4）在"渲染队列"面板中，单击"渲染"按钮开始渲染，如图11-13所示，在渲染的过程中
可以执行"暂停"和"停止"操作，如图11-14所示。渲染完成后，在设置的输出位置就能看到渲
染出的视频，如图11-15所示。

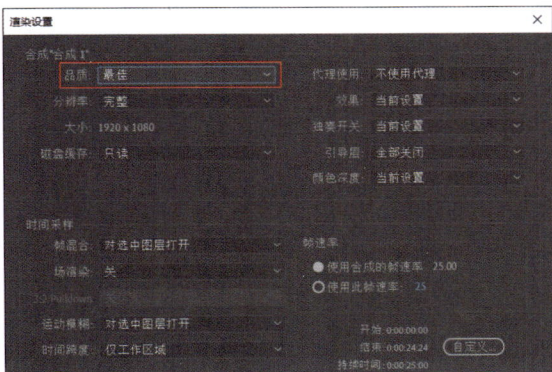

图11-10

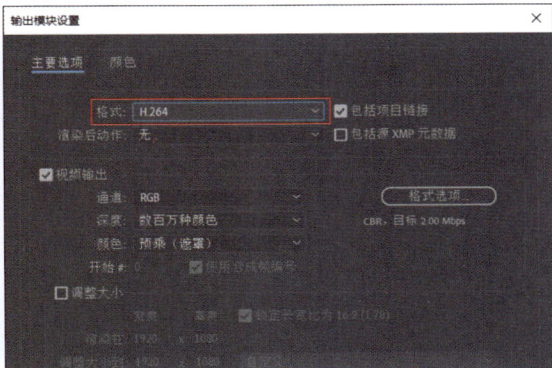

图11-11

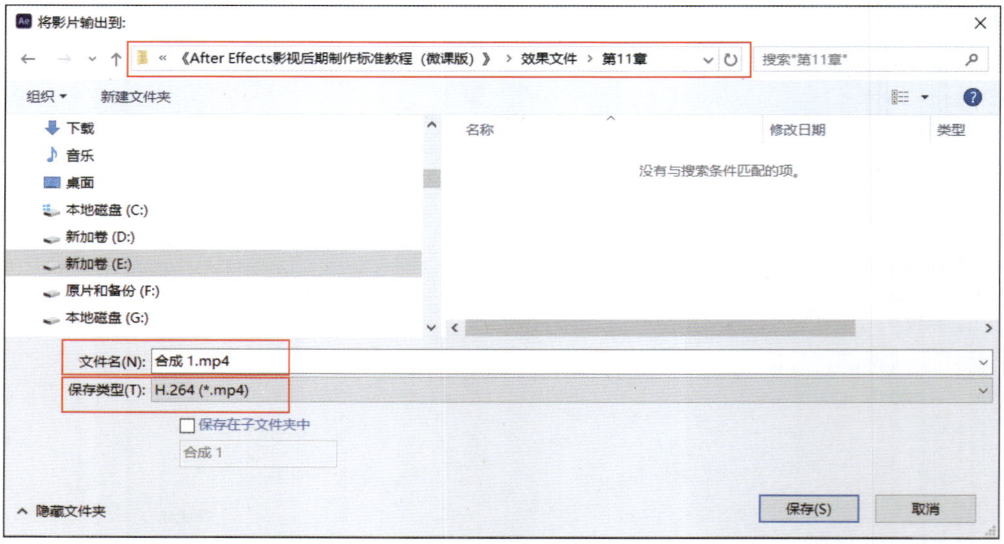

图11-12

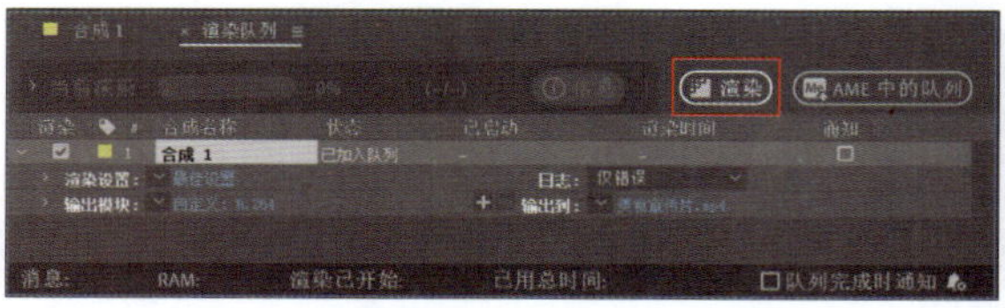

图11-13

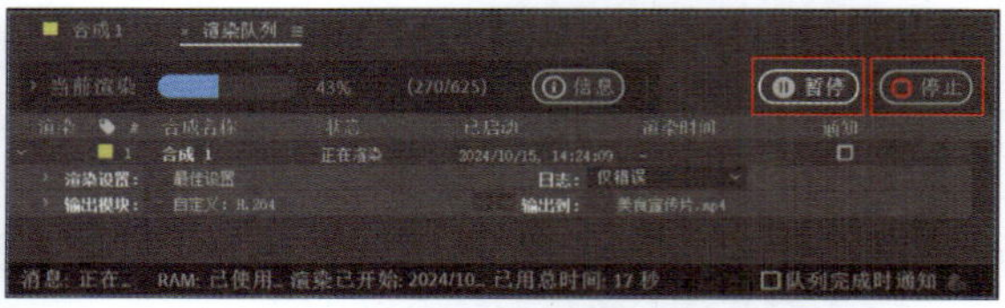

图11-14

图11-15

💡 **提示与技巧**

　　在 After Effects 中，可以将影片预演部分输出为视频文件，操作方法是使用工作区域标记指定工作区域的入点和出点，确定要输出的影片部分，然后按"Ctrl+M"组合键将该部分添加到"渲染队列"面板中，并指定输出格式和输出位置，最后渲染并输出为视频文件。

11.3　思考与练习

一、单选题

1. 在After Effects中，可使用"文件"菜单中的（　　）命令整理项目文件。
   - A. 保存
   - B. 另存为
   - C. 导出
   - D. 收集文件

2. 在After Effects中，"添加到渲染队列"命令的组合键是（　　）。
   - A. Ctrl+S
   - B. Shift+Ctrl+S
   - C. Ctrl+W
   - D. Ctrl+M

3. 使用After Effects中的"添加到渲染队列"命令进行文件输出时，（　　）是不可选择的输出格式。
   - A. AVI
   - B. MP3
   - C. GIF
   - D. "JPEG"序列

二、判断题

1. 在After Effects中可以渲染AVI格式的视频文件。（　　）
2. 预览和渲染是同一个过程，只是预览是实时的，而渲染需要更多时间。（　　）
3. After Effects的渲染过程是将合成项目转换为可观看的视频文件的过程。（　　）

三、操作题

1. 将项目文件"摄像机动画.aep"（素材文件\第11章\摄像机动画）输出为一段H.264格式的视频。
2. 将项目文件（素材文件\第11章\摄像机动画）中的一段视频输出为"Photoshop"序列。

11.4　项目实训：渲染PNG序列

【实训目标】

本实训运用渲染技巧，为项目文件设定时间范围并导出高质量PNG序列，旨在帮助读者加深对渲染输出流程的理解。

【实训步骤】

在"渲染队列"面板中，先设定一个时间范围，再设置输出格式为"PNG"序列，通过渲染将设定的时间范围内的画面输出为PNG序列。下面介绍一下具体的操作方法。

（1）在菜单栏中选择"文件">"打开项目"命令，在"打开"对话框中，选中项目文件"摄像机动画.aep"（素材文件\第11章\摄像机动画）并将其打开。

（2）在菜单栏中选择"文件">"导出">"添加到渲染队列"命令或按"Ctrl+M"组合键，弹出"渲染队列"面板。

（3）在"渲染队列"面板中，单击"渲染设置"选项右侧的蓝色文字，打开"渲染设置"对话框，单击"自定义"按钮，在打开的"自定义时间范围"对话框中设置"起始"和"结束"时间，如图11-16所示，单击"确定"按钮，并关闭"渲染设置"对话框。单击"输出模块"右侧的蓝色文字，打开"输出模块设置"对话框，设置"格式"为"PNG"序列，如图11-17所示，单击"确定"按钮。单击"输出到"右侧的蓝色文字，打开"将影片输出到："对话框，设置名称和输出位置，勾选"保存在子文件夹中"复选框，如图11-18所示，单击"保存"按钮。

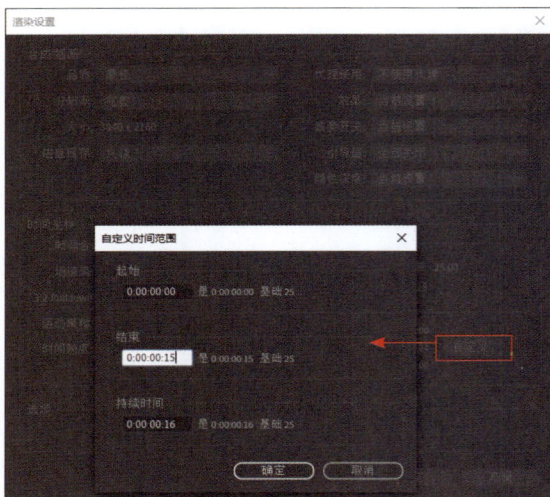

图11-16

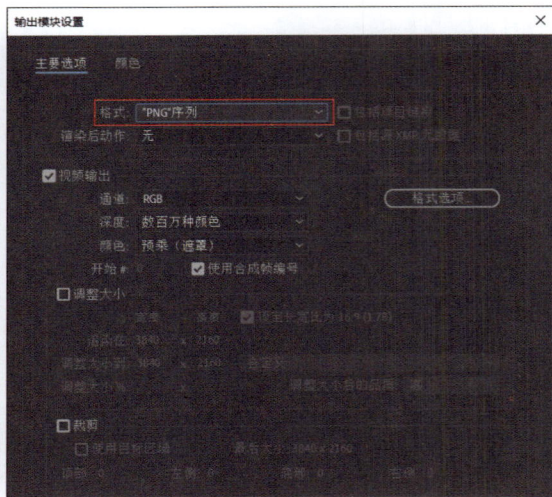

图11-17

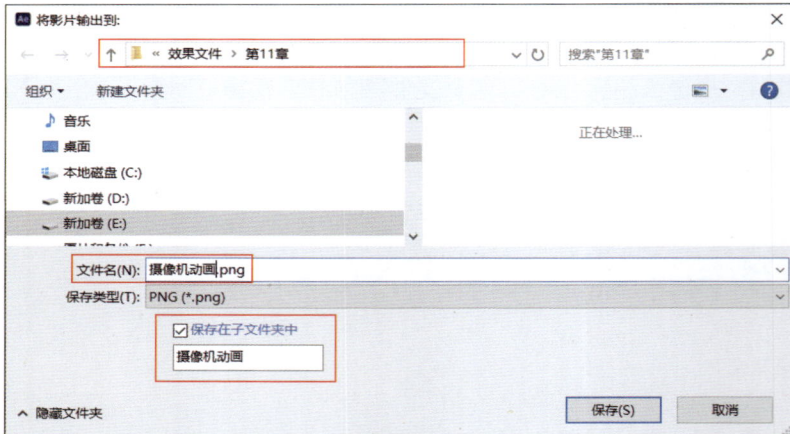

图11-18

（4）在"渲染队列"面板中，单击"渲染"按钮开始渲染，如图11-19所示。渲染完成后，在设置的输出位置就能看到渲染出的文件，如图11-20所示。

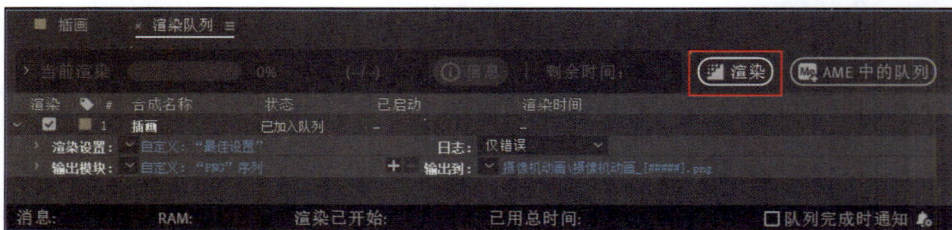

图11-19

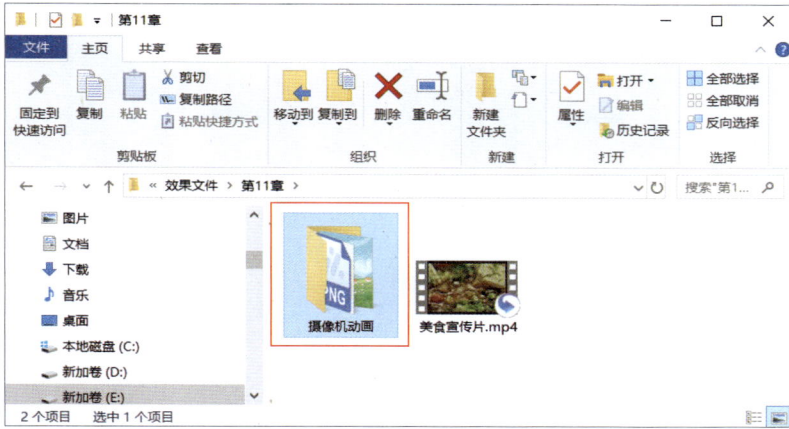

图11-20

第 12 章

综合实战

本章导读

本章通过综合实战案例来详细讲解After Effects的综合运用技巧。由于本章涉及的工具、命令较多，且技术应用相对全面，因此在案例练习的过程中，需要紧密结合前面各章的知识，总结其中的规律，实现知识的融会贯通。

学习目标

● 具备综合运用After Effects的能力
● 熟悉After Effects的应用领域
● 掌握After Effects在不同应用领域的使用技巧

12.1　电视栏目导视动画

电视栏目导视动画是用于电视栏目片头或导视系统的动画元素，旨在吸引观众注意、传达栏目信息以及营造特定的视觉氛围。本案例制作一个青年人物访谈电视栏目片头动画，案例效果如图12-1所示。

图12-1

12-1　电视栏目导视动画

【操作思路】

本案例的制作重点简述如下，具体制作细节参见本例视频。

（1）新建项目，创建合成，设置"宽度"为1920像素，"高度"为1080像素，"像素长宽比"为"方形像素"，"帧速率"为25帧/秒，"持续时间"为0:00:06:10。

（2）将音频文件"01.mp3"和视频文件"背景.mp4"、图片文件"椅子.png"以及另一个视频文件"光效.mp4"（素材文件\第12章\电视栏目导视动画）导入"项目"面板，并将这些素材拖曳到"时间轴"面板中。

（3）设置"光效.mp4"图层的混合模式为"屏幕"，使其自然地融入背景。然后，关闭光效.mp4图层的音频。

（4）将"椅子"图层转换为三维图层，调整"缩放"属性缩小椅子，然后复制该图层，调整复制图层的"缩放"属性的X轴参数，使两个椅子对称。通过关键帧制作移动动画，为两个图层创建预合成，名称为"椅子"。

（5）输入栏目的名称，应用"描边"图层样式，将各个文字图层转换为三维图层，通过关键帧制作移动和不透明度动画。为所有文字图层创建预合成，名称为"文字"。

（6）创建摄像机图层，为摄像机的"位置"属性和"缩放"属性设置关键帧，制作拉镜头动画效果。

12.2　企业宣传片头动画

企业宣传片头动画是企业形象宣传的重要手段之一，具有塑造企业形象、吸引观众注意和提升宣传效果的重要作用。本案例制作一个建筑设计公司企业宣传片头动画，案例效果如图12-2所示。

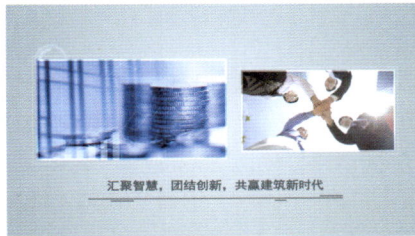

12-2　企业宣传片头动画

图12-2

【操作思路】

本案例的制作重点简述如下，具体制作细节参见本例视频。

（1）新建项目，创建合成，设置"宽度"为1920像素，"高度"为1080像素，"像素长宽比"为"方形像素"，"帧速率"为25帧/秒，"持续时间"为0:00:14:00。

（2）将图片文件"01.jpg"～"04.jpg"及视频文件"环.mov"（素材文件\第12章\企业宣传片头动画）导入"项目"面板。

（3）创建纯色图层并为其添加"梯度渐变"效果，制作渐变背景。

（4）在"项目"面板新建名为"镜头01"的合成，随后将"01.jpg"和"02.jpg"图片拖曳至"时间轴"面板并缩放至适宜大小，利用矩形工具▇分别为它们创建蒙版，调整比例并添加白色边框，将这两张图片各自预合成为新合成并转换为三维图层。将"环.mov"拖曳到"时间轴"面板中，设置图层混合模式使其自然地融入背景，将它缩小并移动至合适位置。

（5）输入企业的宣传文案，在其下方绘制1条长横线和3条短横线，并对这3条短横线制作移动的动画效果。接着，将文案与长横线一起创建为一个预合成，命名为"文本01"，并将此预合成转换为三维图层。

（6）创建名为"摄像机 1"的摄像机图层，随后创建名为"空 1"的空对象图层。接着，将"摄像机 1"图层的"父级和链接"设置为指向"空 1"，使"摄像机 1"成为"空 1"的子级图层。然后，通过为"空 1"图层的"位置"属性和"Z轴旋转"属性设置关键帧来制作摄像机动画效果。

（7）创建一个调整图层，命名为"模糊"，为其添加"快速方框模糊"效果，然后通过为"快速方框模糊"效果的"模糊半径"属性添加关键帧，控制不同时间点的画面的模糊程度。完成"镜头01"的制作。

（8）复制"镜头01"合成中的内容，替换图片和文案制作"镜头02"画面。

12.3　教学课程广告动画

教学课程广告动画用于提升教学课程的知名度和影响力，吸引更多的学员报名学习。本案例制作一个学校社团轮滑招新广告宣传动画，案例效果如图12-3所示。

12-3　教学课程广告动画

图12-3

【操作思路】

本案例的制作重点简述如下，具体设置细节参见本例视频。

（1）新建项目，创建合成，设置"宽度"为1920像素，"高度"为1080像素，"像素长宽比"为"方形像素"，"帧速率"为25帧/秒，"持续时间"为0:00:12:00。

（2）将视频文件"轮滑1.mp4""轮滑2.mp4""轮滑3.mp4"和音频文件"01.mp3"（素材文件\第12章\教学课程广告动画）导入"项目"面板，然后将它们依次拖曳到"时间轴"面板中。接着，根据"01.mp3"音乐的节奏，对"轮滑1.mp4""轮滑2.mp4""轮滑3.mp4"这3个视频文件进行剪辑。

（3）使用横排文字工具 **T** 和矩形工具 **■**，为视频创建广告文案的文字组合，并为其添加投影图层样式；接着在"时间轴"面板中选中文字层和形状图层，单击右键选择"预合成"，在弹出的对话框中，命名为"文字1"，并勾选"将所有属性移动到新合成"；接着在"项目"面板中复制该预合成两次，分别重命名为"文字2"和"文字3"，将"文字2"和"文字3"拖曳到"时间轴"面板中，修改各自内容，调整3个预合成的持续时间与对应的3段视频时长相匹配。

（4）为图层的"不透明度"属性添加关键帧，为预合成"文字1""文字2""文字3"制作文字的渐隐效果。此外，为预合成中的部分文字添加"打字机"效果，使文字逐个显现。

12.4　美食制作宣传动画

美食制作宣传动画融合了创意、技术和艺术，旨在吸引观众的注意力，传达出美食的诱人之处及其制作过程的独特魅力。本案例制作一个以西葫芦炒虾仁制作过程为主要内容的美食制作宣传动画，案例效果如图12-4所示。

图12-4

12-4　美食制作宣传动画

【操作思路】

本案例的制作重点简述如下，具体设置细节参见本例视频。

（1）新建项目，创建合成，设置"宽度"为1920像素，"高度"为1080像素，"像素长宽比"为"方形像素"，"帧速率"为25帧/秒，"持续时间"为0:00:51:15。

（2）将视频素材"01"～"06"、图片文件"日常美味.png""西葫芦炒虾仁.png"以及音频文件"美食配乐.mp3""音效1.MP3""音效2.MP3"（素材文件\第12章\美食制作宣传动画）导入"项目"面板。

（3）将"01"～"06"文件按顺序拖曳至"时间轴"面板中。

（4）将音频文件"美食配乐.mp3"拖曳至"时间轴"面板中，根据音频的节奏来剪辑视频素材。在"时间轴"面板中，选中"06"素材，并裁剪该段视频的结尾画面。然后，复制"06"素材，并将其移到"01"素材的前面。对复制的"06"素材进行进一步的剪辑，仅保留盘子逐渐放大的视频内容作为整个视频的开头画面。

（5）使用横排文字工具 **T** 添加视频解说字幕，并为字幕添加"投影"图层样式。

（6）添加视频开头字幕，将图片文件"日常美味.png"和"西葫芦炒虾仁.png"拖曳至"时间轴"面板中。调整这两个图层的持续时间，使它们与复制的"06"素材的持续时间保持一致。然后，为这两个图层制作不透明度动画。

（7）在视频的开头画面与"01"素材之间制作转场效果。在视频开头字幕图层的上方创建调整图层，添加"定向模糊"效果，然后通过为"定向模糊"效果的"模糊长度"属性添加关键帧，控制不同时间点画面的模糊程度，制作定向模糊转场效果。

（8）将"音效1.MP3""音效2.MP3"拖曳到"时间轴"面板中，"音效1.MP3"为油炸的声音，将它放置在"03"素材的下方，"音效2.MP3"为炒菜的声音，将它放置在"04"素材的下方，增大"音效1.MP3"的"伸缩"数值，裁剪"音效2.MP3"，使其匹配视频画面。

💡 **提示与技巧**

在After Effects的"时间轴"面板中，单击 按钮展开"伸缩"窗格后，调整"伸缩"数值即可改变视频速度。

12.5 产品宣传广告动画

产品宣传动画的核心在于推广和销售产品，因此这类视频通常能直观地展现产品的外观、功能及使用方法，突出产品的独特特点和优势，使观众在短时间内全面了解产品。本案例制作一个图书宣传动画，案例效果如图12-5所示。

12-5 产品宣传广告动画

图12-5

【操作思路】

本案例的制作重点简述如下，具体设置细节参见本例视频。

（1）新建项目，创建合成，设置"宽度"为1920像素，"高度"为1080像素，"像素长宽比"为"方形像素"，"帧速率"为25帧/秒，"持续时间"为0:00:18:15。

（2）将视频素材"1.MOV"～"4.MOV"、图片文件"1.jpg""官方认证.jpg""销量.jpg""上班工作.jpg"以及音频文件"1.mp3""2.mp3""3.mp3""背景音乐.wav"（素材文件/第12章/产品宣传广告动画），导入"项目"面板。

（3）按照项目的需求，将这些素材按相应的顺序拖曳到"时间轴"面板中，然后，复制"4.MOV"素材，并将其移到"4.MOV"素材的后面。调整视频素材的"伸缩"数值将视频速度调快，再剪辑视频素材和图片素材，确保文字图层、人声配音与视频内容对应。

（4）在视频图层的上方创建调整图层，并为该图层添加"Lumetri颜色"效果，调整视频的色彩并为其降噪。然后，选中图片文件"1.jpg"图层，并添加"Lumetri颜色"效果，调整图片的色彩并为其降噪。

💡 **提示与技巧**

在制作视频时，可以先使用Photoshop编辑好所需的素材，然后将这些素材导入After Effects中进行后续的编辑和动画制作。